中华烹饪古籍经典藏书

食宪鸿秘

[清] 朱彝尊 撰

中国商业出版社

图书在版编目(CIP)数据

食宪鸿秘 / (清) 朱彝尊撰 . - 北京 : 中国商业出版社 , 2020.1

ISBN 978-7-5208-0937-5

Ⅰ . ①食… Ⅱ . ①朱… Ⅲ . ①食谱 - 中国 - 清代 Ⅳ . ① TS972.12

中国版本图书馆 CIP 数据核字 (2019) 第 216760 号

责任编辑：王　彦

中国商业出版社出版发行

010-63180647 www.c-cbook.com

（100053 北京广安门内报国寺 1 号）

新华书店经销

玉田县嘉德印刷有限公司印刷

*

710 毫米 ×1000 毫米　16 开　17.25 印张　160 千字

2020 年 1 月第 1 版　2020 年 1 月第 1 次印刷

定价：75.00 元

* * * *

（如有印装质量问题可更换）

《中华烹饪古籍经典藏书》指导委员会

（排名不分先后）

《中华烹饪古籍经典藏书》
编辑委员会

（排名不分先后）

《食宪鸿秘》编辑委员会

（排名不分先后）

《中国烹饪古籍丛刊》出版说明

国务院一九八一年十二月十日发出的《有关恢复古籍整理出版规划小组的通知》中指出：古籍整理出版工作“对中华民族文化的继承和发扬，对青年进行传统文化教育，有极大的重要性。”根据这一精神，我们着手整理出版这部丛刊。

我国烹饪技术，是一份至为珍贵的文化遗产。历代古籍中有大量饮食烹饪方面的著述，春秋战国以来，有名的食单、食谱、食经、食疗经方、饮食史录、饮食掌故等著述不下百种；散见于各种丛书、类书及名家诗文集的材料，更加不胜枚举。为此，发掘、整理、取其精华，运用现代科学加以总结提高，使之更好地为人民生活服务，是很有意义的。

为了方便青年阅读，我们对原书加了一些注释，并把部分文言文译成现代汉语。这些古籍难免杂有不符合现代科学的东西，但是为尽量保持原貌原意，译注时基本上未加改动；有的地方作了必要的说明。希望读者本着“取其精华，去其糟粕”的精神用以参考。编者水平有限，错误之处，请读者随时指正，以便修订。

中国商业出版社

出版说明

20世纪80年代初，我社根据国务院《关于恢复古籍整理出版规划小组的通知》精神，组织了当时全国优秀的专家学者，整理出版了《中国烹饪古籍丛刊》。这一丛刊出版工作陆续进行了12年，先后整理、出版了36册，包括一本《中国烹饪文献提要》。这一丛刊奠定了我社中华烹饪古籍出版工作的基础，为烹饪古籍出版解决了工作思路、选题范围、内容标准等一系列根本问题。但是囿于当时条件所限，从纸张、版式、体例上都有很大的改善余地。

党的十九大明确提出："要坚定文化自信，推动社会主义文化繁荣兴盛。推动文化事业和文化产业发展。"中华烹饪文化作为中华优秀传统文化的重要组成部分必须大力加以弘扬和发展。我社作为文化的传播者，就应当坚决响应国家的号召，就应当以传播中华烹饪传统文化为己任，高举起文化自信的大旗。因此，我社经过慎重研究，准备重新系统、全面地梳理中华烹饪古籍，将已经发现的150余种烹饪古籍分40册予以出版，即《中华烹饪古籍经典藏书》。

此套书有所创新，在体例上符合各类读者阅读，除根据前版重新标点、注释之外，增添了白话翻译，增加了厨界大师、名师点评，增设了“烹坛新语林”，附录各类中国烹饪文化爱好者的心得、见解。对古籍中与烹饪文化关系不十分紧密或可作为另一专业研究的内容，例如制酒、饮茶、药方等进行了调整。古籍由于年代久远，难免有一些不符合现代饮食科学的内容，但是，为最大限度地保持原貌，我们未做改动，希望读者在阅读过程中能够“取其精华、去其糟粕”，加以辨别、区分。

我国的烹饪技术，是一份至为珍贵的文化遗产。历代古籍中留下大量有关饮食、烹饪方面的著述，春秋战国以来，有名的食单、食谱、食经、食疗经方、饮食史录、饮食掌故等著述屡不绝书，散见于诗文之中的材料更是不胜枚举。由于编者水平所限，难免有错讹之处，欢迎大家批评、指正，以便我们在今后的出版工作中加以修订。

中国商业出版社

2019 年 9 月

本书简介

《食宪鸿秘》相传为朱彝尊所撰，共二卷。

朱彝尊(1692～1709年)，字锡鬯(chàng)，号竹垞（chá），秀水（今浙江嘉兴）人。清康熙十八年(1679)，举博学宏词科，授翰林院检讨。他通经史、古文诗词，均负盛名，著作有《曝书亭集》等。

《食宪鸿秘》分“饮之属”“饭之属”“粉之属”“煮粥”“饵之属”“馅料”“酱之属”“蔬之属”“餐芳谱”“果之属”“鱼之属”“蟹”“禽之属”“卵之属”“肉之属”“香之属” “种植”及附录《汪拂云抄本》等部分。共记载了四百多种调料、饮料、果品、花卉、菜肴、面点，内容相当丰富。

所收菜肴以浙江风味为主，兼及北京及其他地区。其中，收有“金华火腿”的制法及近十种食法，如“煮火腿”“东坡腿”“熟火腿”“糟火腿”“辣拌法”等，是极有参考价值的。其他品种，如浙江的笋馔、水产品制作的肴馔特色也颇显著。至于北方的乳制品、面点等特色也甚是明显。

该书所收肴馔的制法比较简明，实用性强。如“响面筋”“笋豆”“鱼饼”“鲫鱼羹”“鸭羹”“鸡松”“熊掌”“东坡腿”“素肉丸”等，均易懂易学，即使用今天的观点去看，也不失为佳肴。

此外，书中还收有一些制法精致而又奇特的肴馔，如“松子海啰㗘”（面点）“制黄雀法”“百日内糟鹅蛋”“蟹丸”“素鳖”等，均是值得今人继承发展的。

关于《食宪鸿秘》的作者，有人认为是乾隆中叶时人伪托。也有题为“新城王士祯著”的本子。待考。

本书以雍正本为底本进行标点、注释，并参阅了其他版本。书中个别明显的错刻的字，径行改正，不作说明，其余均一如其旧。

本书注释稿曾经王湜华同志审校。并得到北京图书馆薛殿玺同志的帮助。

中国商业出版社

2019 年 9 月

目录

下卷

序

序

闻之饮食，乃民德所关。治庖[①]不可无法，匕箸[②]尤家政所在，中馈[③]亦须示程[④]。古者六谷六牲，膳夫之掌特重[⑤]；百羞百酱，食医之眡维时[⑥]。制防乎雁翠鸡肝[⑦]，无贪适口；典重乎含桃羞黍[⑧]，实有权衡[⑨]。菽水[⑩]亦贵旨甘，知孝子必以洁养。食脍弗厌精细[⑪]，即圣人不远人情。仅啖庾氏之

---

①治庖：庖，厨房。治庖，即做饭菜。

②匕箸（bǐ zhù）：泛指取食工具。这里代称饮食。匕，勺、匙之类。箸，筷子。

③中馈：原指妇女在家主持家务等事；此指代饮食。

④程：法式，规章，程式。

⑤古者六谷六牲，膳夫之掌特重：《周礼·天官》："膳夫，掌王之食饮膳羞……凡王之馈，食用六谷，膳用六牲。"郑玄注引郑众曰："六谷：稌（tú）、黍、稷、粱、麦、苽（gū）"。稌即稻，苽即菰米。又，《三字经》则谓稻、粱、菽、麦、黍、稷为"六谷""六牲"郑玄注为马、牛、羊、豕、犬、鸡。王引之说为牛、羊、豕、犬、雁（即鹅）、鱼。

⑥百羞百酱，食医之眡（shì）维时：意思是：食医掌管王的百羞百酱等食品，在安排上特别注意把饮食和季节结合起来。《周礼·天官》："凡王之馈……羞用百有二十品……酱用百有二十瓮。"羞，味道美的食物。酱，指醯（xī）醢（hǎi）。肉酱、酱骨头、泡菜、腌菜之类。又《周礼·天官下》："食医，掌和王之六食、六饮、六膳、百羞、百酱，八珍之齐。凡食齐，眡春时；羹齐，眡夏时；酱齐，眡秋时；饮齐，眡冬时。"眡，同"视"。

⑦制防乎雁翠鸡肝：全句意为，为了防止食物中毒，鹅尾肉、鸡肝不可以吃。《礼记·内则》："舒雁翠……鸡肝……"，舒雁，鹅；翠，尾肉。

⑧含桃羞黍：《礼记·月会》："天子乃以雏尝黍，羞以含桃，先荐寝庙。"雏，小鸡；含桃，樱桃；羞，进献。即是用樱桃代替进献黍类。

⑨权衡：本指秤，权为秤锤，衡为秤杆，是称量物体轻重的器具。此引申为衡量、考虑。

⑩菽水：豆和水。指最平常的饮食，形容生活清苦，常用来指晚辈对长辈的供养。常作孝养父母的说法。陆游诗《湖堤暮归》就有"俗孝家家供菽水"之句。

⑪食脍弗厌精细：《论语·乡党》："食不厌精，脍不厌细。"意为粮食越精致越好，肉类切得越细越好。

菹[1]，固伤寒俭；漫下何曾之筯[2]，亦太猖狂。珍异相高，郇君夫[3]奇而不法；咄嗟立办，石季伦[4]多而不经。倘能斟酌得宜，自足胜侯鲭[5]之味；如其滋调失节，即何劳人乳之豘[6]。盖大德者小物必勤，抑养和者摄生必谨。此竹垞朱先生《食宪谱》之所为作也。

先生相门华胄[7]，慧业文人。书读等身，不止备甘泉之三箧[8]；词流倒峡，何啻对青陵之十条[8]。晕碧裁红，有美皆歌亭壁；批风抹月，无奇不入奚囊[9]。时当昭代[10]之右文[11]，士应搜才之

①庾氏之菹（zū）：《南齐书·庾杲（gǎo）之传》："杲之除尚书驾部郎，清贫自业，食唯有韭菹、瀹（yuè）韭、生韭、杂菜。或戏之曰：谁谓庾郎贫，食鲑常有二十七种，言三九也。"

②何曾之筯（zhù）：《晋书·何曾传》说，何曾性奢豪，务在华侈，"日食万钱，犹日无下筯处。"筯：同"箸"，筷子。

③郇君夫奇而不法：君夫，王恺之字。王恺在与石崇斗富时，虽有珍宝，但使用方法不当。据史书记载，王、石斗富之际，也有饮食上奢华的较量。"郇"疑为"王"之误。

④石季伦：晋朝人石崇，字季伦。

⑤侯鲭（zhēng）之味：指"五侯鲭"之味。传说汉代娄护发明的一种鱼肉杂烩叫"五侯鲭"。

⑥人乳之豘：用人奶喂的猪，蒸熟后味道异常鲜美。晋代官僚王济曾用此菜招待晋武帝，《世说新语·汰侈》中第三条，"烝豘肥美，异于常味。帝怪而问之。答曰：'以人乳饮豘'。"

⑦相门华胄：朱彝尊是宰相家的后代。相门，朱的祖父国祚，在明泰昌、天启朝官至大学士。明代的内阁大学士即宰相。华胄，旧称显贵者的后人。

⑧三箧（qiè）、十条：三箧，《汉书·张安世传》："武帝幸河东，尝亡书三箧，诏问莫知，惟安世识之，具记其事；后购求得书以相校，无所遗失。"箧，书箱。十条，《旧唐书·宪宗纪》："元和二年，礼部举人罢口试义，试墨义十条，五经通五，明经通六，即放进士。"这两句是称赞朱彝尊很有才学。

⑨亭壁、奚囊：亭壁，元稹《洛口驿》："邮亭壁上数行字，崔李题名王白诗。"古代文人常在亭壁上书写诗文。奚囊，《新唐书·李贺传》："（贺）每旦日出，骑弱马，从小奚奴，背古锦囊，遇所得，书投囊中。"后因称诗囊为"奚囊"。这两句是说朱彝尊创作很多。

⑩昭代：政治清明的时代，常用以称颂本朝。

⑪右文：重视文化学术。

旷典。邹枚[1]接迹，待诏金马之门；扬马[2]连镳，齐上玉堂[3]之署。当吹藜珥笔[4]之日，藉甚声华；及归田解组[5]而还，尤工著述。笑击鲜之陆贾[6]，日溷[7]诸郎；学分甘之右军[8]，味沾儿辈。遂以自珍兴膳之所得，出其生平才藻之绪余，用著斯篇，永为成宪。审乎阴阳寒暑之候，而血气均调；酌乎酸碱甘滑之宜，而性情俱洽。贵师其意，不须费及朱提[9]；善领其神，自可餐同白玉。奇思巧制，实居金陵七妙之先[10]；取多用宏，

①邹、枚：指汉代文学家邹阳、枚乘。

②扬、马：指汉代文学家扬雄、司马相如。

③玉堂，官署名，汉侍中有玉堂署；宋以后，翰林院亦称玉堂。朱彝尊曾任翰林院检讨。

④吹藜珥笔：古时史官、谏官入朝，或者近臣侍从，把笔插在帽子上，便于随时记录、撰述。这句话指的是朱彝尊在翰林院工作。《拾遗记》："刘向于成帝之末，校书天禄阁，专精覃思。夜有老人著黄衣植青藜杖，叩阁而进，见向暗中独坐诵书，老人乃吹杖端烟然（燃），因以见向。"珥，插。

⑤归田解组：解职归家。组，指印绶，解组，去官的意思。朱彝尊于康熙三十一年因事免官，遂离京南归。

⑥笑击鲜之陆贾：《汉书·陆贾传》说，汉孝惠帝时，吕后当政，陆贾请求病退。回家后，给五个儿子各分"二百金，令为生产"。他自己则乘车，带着会唱歌鼓瑟的随从十人，佩带价值百金的宝剑，轮流到儿子们家里吃喝。事先约定：一年每个儿子家只去两次，每次十天，儿子要好生招待。经常宰杀活的牲畜禽鱼来吃。那个招待得最好的儿子，就可得到我的宝剑、车马和随从。

⑦溷（hùn 混）：混的异体字。

⑧分甘：分甘味于人，以示慈爱。右军：王羲之曾任右军将军，世称王右军。《晋书·王羲之传》收录了王羲之的《与谢万书》，文中说："修植桑果，今盛敷荣，率诸子，抱弱孙，游观其间，有一味之甘，割而分之，以娱目前。"

⑨朱提：原指古县名，在云南。境内有朱提山，产银多而美，故后世以"朱提"作高质量银的代称。

⑩金陵七妙：金陵的七种食品。据陶谷《清异录》："金陵士大夫渊薮，家家事鼎铛，有七妙：齑可照面，馄饨汤可注砚，饼可映字，饭可打擦擦台，湿面可穿结带，醋（一本作饼）可作劝盏，寒具嚼著可惊动十里人。"

疑在《内则》“八珍”[①]之上。《馔经》《食品》，逊此宏通；《尔雅》《说文》，方兹考据。何必银罍[②]翠釜，务欲试乎厨娘！直使野蔌山肴，亦可登之天府。

余也香名渴饮，秀句时餐。忽披日用之编，愈见规模之远。虽以盐梅巨手[③]，未和天上之羹；庶几膏泽深情，不暴人间之物。梓[④]公同好，肯如异味之独尝；版任流传，可补齐民之要术。行见悦心悦口，非徒说食之膏肓，养德养身，或亦为功于仁寿云尔。

雍正辛亥仲冬长至后五日广宁年希尧书[⑤]

【译】我常听人说，饮食这件事关系着社会风尚。所以，烹调不能没有章法，饮食更是家务的重点，在家里操持做饭也必须有个规矩。古时候，对六谷六牲的烹饪调制，御厨担着重要责任；对食材酱料的调合，掌管宫中饮食与卫生的医官必须注意饮食与季节的吻合。为了防止食物中毒，鹅尾肉、鸡肝不能吃，不能只贪图好吃。祭祀的时候强调樱桃与黍的

---

①《内则》“八珍”：即《礼记·内则》中所记的“八珍”。“八珍”为淳熬、淳毋（mó）、炮豚、炮牂（zāng）、捣珍、渍、为熬、肝膋（liǎo）。一说炮豚、炮牂合而为“炮”，另加“糁”为八珍。

②银罍：罍（léi），古代一种盛酒的容器。此指很华丽的餐器。

③盐梅巨手：做饭菜的能手。盐梅，盐和酸梅。《尚书·说命下》“若作和羹，尔惟盐梅。”

④梓：印刷。

⑤雍正辛亥：即公元1731年。年希尧，字允恭，累官工部右侍郎。雍正年间被夺职。

进献顺序，这都是有讲究的。豆和水这些平常的食饮，知道孝道的人也要处理干净再用来供养老人。粮食和肉类要尽量做得精细，就是孔圣人也不避人情。像庾杲之那样只吃粗茶淡饭，固然过分寒酸节俭；但是像何曾那样饮食奢侈，也太猖狂了。王恺与石崇斗富的时候，王恺虽有珍异食品，可是加工方法不妥，石崇虽然花样多，不过做法却太荒唐。如果能够认真考虑合适的烹调方法，就可以做出比五侯鲭味道还好的菜，如果味道调和失去节度，就是用人奶喂肥的小猪也未必能做得好吃。所以，越是有大德的人对生活中的小事物越用心，对养生之道也越谨慎。这就是朱竹坨先生写这本《食宪谱》的缘故。

朱先生是宰相家的后代，出身高贵，是著名的文人。读书非常多，不仅限于甘泉宫的三箧书；写文章像江水倒流，更不用说青陵的十条。他裁云剪雾，有佳作就书写于亭壁；他批风抹月，没有神奇篇章不入奚囊的。又逢清明朝代重视文章，搜罗文才旷世少有，所以能像汉朝的邹阳、枚乘、扬雄、司马相如一样供职朝廷，进了翰林院。他还在朝廷当官的时候，就文名远扬，到了解官回家，更是擅长著述。他耻笑陆贾那样轮留到儿子家吃美味佳肴，而是学王右军那样把好东西分享给儿孙辈。于是他把自己在烹饪方面的心得，用一生才华剩下的余力，写成此书，作为烹调范例。他研究自然界寒暑变化的规律，来调节人的血气滋养；斟酌酸咸甘滑调味的适度，使之与人的性情融洽。贵在学习他的理论，不需要花费太多的金钱；只要很好地领会他内在的神韵，普通的食物也可以得到美味享受。奇妙的思路、精巧的制作，比金陵七妙更高明；取用食料之丰富多样，恐怕在《内则》“八珍”之上。《馔经》《食品》比不上此书的实用价值；此书恰好能印证《尔雅》《说文》中关于饮食的注释。不必用华美的炊具、餐具，也不必试用厨娘！按照此书的方法，即使是野菜土饭，也可以上得了神仙的宴席。

我对名馔佳肴也是喜爱的，而看到此书的日常菜谱，更可见其水准甚高。虽有调味的高手，也不能做出天上的美味。作者本着造福社会的深情，教育人充分利用人间的物产。现在公开出版此书，供烹饪的爱好者参用，怎么可以独自品尝美味呢，让此书在社会上随意流传颁布，可以补充《齐民要术》之不足。照此烹调，能够愉快适口，所讲并非饮食中难及之处，而可以养性养身，或者有功于健康长寿啊。

雍正辛亥仲冬长至后五日广宁年希尧书写

【评】将“八珍”指为原料，最早见诸文字，当始于唐代（八珍一词，最早出现周代《周礼·天官》）。

八珍又分：

1. 海八珍：

《随园食单·海鲜单》中指燕窝、海参、鱼翅、鳆（鲍鱼）、淡菜、海蜖（海蜒）、乌鱼蛋、江瑶柱、蛎黄，共九种。

2. 鹤云氏八珍：

光绪年间，无知山人鸿云氏撰《食品佳味备览八珍单》中指：熊掌、鹿尾、车螯、鱼翅、螃蟹、江瑶柱、兰花菇（草菇）、班鱼。

3. 参翅八珍：

海参、燕窝、鹿筋、鱼翅、鱼肚、熊掌、蛤士蟆。

4. 山水八珍：

山八珍：熊掌、鹿茸、犀鼻（或作象鼻、象拔）、驼峰、果子狸、豹胎、狮乳、猴脑。

水八珍：鱼翅、鲍鱼、鱼唇、海参、裙边（鳖的甲壳外围裙装软肉）、干贝、鱼脆、蛤士蟆。

5. 满汉席中的八珍：

山八珍：驼峰、熊掌、猴脑、猩唇、象拔（象鼻）、豹胎、犀尾、鹿筋。

海八珍：燕窝、鱼翅、大乌参、鱼肚、鱼骨、鲍鱼、海豹、狗鱼（娃娃鱼）。

禽八珍：红燕、飞龙、鹌鹑、鹅、鹧鸪、彩雀、斑鸠、红头鹰。

草八珍：猴头、银耳、竹荪、驴窝菌、羊肚菌、花菇、黄花菜、云香信。

（佟长有）

上卷

食宪总论

饮食宜忌[①]

五味淡泊[②]，令人神爽气清少病。务须洁。酸多伤脾，咸多伤心，苦多伤肺，辛多伤肝，甘多伤肾。尤忌生冷硬物。

食生冷瓜菜，能暗人耳目。驴马食之，即日眼烂，况于人乎？四时宜戒，不但夏月也。

夏月不问老少吃暖物，至秋不患霍乱吐泻。腹中常暖，血气壮盛，诸疾不生。

饮食不可过多，不可太速。切忌空心茶[③]、饭后酒、黄昏饭。夜深不可醉，不可饱，不可远行。

虽盛暑极热，若以冷水洗手、面，令人五脏干枯，少津液[④]。况沐浴乎？怒后不可便食，食后不可发怒。

凡食物，或伤肺肝，或伤脾胃，或伤心肾，或动风引湿并耗元气[⑤]者忌之。

软蒸饭，烂煮肉，少饮酒，独自宿，此养生妙诀也。脾

---

①所述饮食方面的注意事项，许多是符合现代科学的，但也杂有唯心、迷信成分。宜，适宜。忌，禁忌。

②淡泊：原指不追求名利，此处引申为味道不浓的意思。

③空心茶：即空腹饮茶。

④津液：中医对人体内一切液体的总称，包括血液、唾液、泪液、汗液等。有时也专指唾液。

⑤元气：中医学名词。亦称“原气”。指人体维持组织、器官生理功能的基本物质和活动能力。

以化食，夜食即睡，则脾不磨。《周礼》“以乐侑食”①，盖脾好音乐耳。闻声则脾健而磨。故音声皆出于脾。夏夜短，晚食宜少，恐难消化也。

新米煮粥，不厚不薄，乘热少食，不问早晚，饥则食，此养身佳境也。身其境者，或忽之。彼奔走名利场者，视此非仙人耶。

饭后徐行数步，以手摩面，摩胁，摩腹，仰面呵气四五口，去饮食之毒。

饮食不可冷，不可过热。热则火气即积为毒。痈疽之类半由饮食过热及炙煿热性②。

伤食饱胀，须紧闭口齿，耸肩上视，提气至咽喉，少顷，复降入丹田，升降四五次，食即化。

治饮食不消，仰面直卧，两手按胸并肚腹上，往来摩运，翻江倒海，运气九口。

酒可以陶性情、通血脉。然过饮则招风败肾，烂肠腐胁，可畏也。饱食后尤宜戒之。

酒以陈者为上，愈陈愈妙。酒戒酸、戒浊、戒生、戒狠暴、戒冷。务清、务洁、务中和之味。

饮酒不宜气粗及速。粗速伤肺。肺为五脏华盖③，尤不

---

①“以乐侑食”：《周礼》上有用音乐劝、助进食的记载。《周礼·天官·膳夫》：“王日一举。鼎十有二，物皆有俎。以乐侑食。”侑（yòu），助兴，劝天子食。

②痈疽（yōng jū）：毒疮。煿（bó），煎或烤干食物。性：疑为“生”之误。

③肺为五脏华盖：五脏，即心、肝、脾、肾、肺。华盖，原指帝王的车盖，此处指肺在五脏的最上部。

可伤。且粗速无品。

凡早行，宜饮酒一瓯[①]以御霜露之毒。无酒，嚼生姜一片。烧酒御寒，其功在暂时。而烁精[②]耗血、助火伤目、须发早枯白，禁之可也。惟制药及豆腐、豆豉、卜之类并诸闭气物用烧酒为宜。

饮生酒、冷酒久之，两腿肤裂，出水疯痺肿，多不可治，或损目。

酒后渴，不可饮水及多啜茶。茶性寒，随酒引入肾藏，为停毒之水。令腰脚重坠、膀胱冷痛，为水肿、消渴、挛躄[③]之疾。

大抵茶之为物，四时皆不可多饮，令下焦[④]虚冷，不惟酒后也。惟饱饭后一二盏必不可少，盖能消食及去肥浓煎煿之毒故也。空心尤忌之。

茶性寒，必须热饮。饮冷茶未有不成疾者。

饮食之人有三：

一餔餟[⑤]之人：食量本弘[⑥]，不择精粗，惟事满腹[⑦]。人

①瓯（ōu）：一种盛装饮料的器皿。

②烁精：消损人的精华。烁，通“铄”，消损。

③挛躄（luán bì）：指手弯腿瘸一类病症。挛，蜷曲不能伸直。躄，瘸腿。

④下焦：中医学名词。人体的咽喉至脐腹部分有三焦。据古人的说法，“自膈以上，名曰上焦”“自齐（脐）以上，名曰中焦”“自齐以下，名曰下焦”。

⑤一餔餟（bū chuò）之人：一种是吃喝的人。《孟子·离娄上》：“孟子谓乐正子曰：‘子之从于子敖来，徒餔餟也’”。餔，食。餟，为“啜”之误，喝。餔餟，吃喝。

⑥弘：大。

⑦惟事满腹：只求填满肚子。事，从事。

见其蠢，彼实欲副其量[1]，为损为益，总不必计。

一滋味之人：尝味务遍，兼带好名。或肥浓鲜爽，生熟备陈，或海错陆珍，谇非常馔[2]。当其得味，尽有可口，然物性各有损益。且鲜多伤脾，炙多伤血之类。或毒味不察，不惟生冷发气而已。此养口腹而忘性命者也。至好名费价而味实无足取者，亦复何必？

一养生之人：饮必好水（宿水滤净），饭必好米（去砂石、谷稗，兼戒饐而餲[3]），蔬菜鱼肉但取目前常物。务鲜、务洁、务熟、务烹饪合宜。不事珍奇，而自有真味，不穷炙煿，而足益精神。省珍奇烹炙之赀[4]，而洁治水米及常蔬，调节颐养，以和于身。地神仙不当如是耶？

食不须多味，每食只宜一二佳味。纵有他美，须俟腹内运化后再进，方得受益。若一饭而包罗数十味于腹中，恐五脏亦供役不及，而物性既杂，其间岂无矛盾？亦可畏也。

【译】食物有酸、苦、甘、辛、咸五味，每一味都吃清淡一些，会让人神爽气清、少得疾病。但食品一定要洁净。酸的吃多了会伤脾，咸的吃多了会伤心脏，苦的吃多了会伤肺，辛辣的吃多了会伤肝，甜的吃多了会伤肾。尤其要忌讳生冷

①副其量：符合大食量。副，此为符合之意。

②谇：疑为“誇”之误。

③兼戒饐（yì）而餲（ài）：同时要禁戒吃霉烂变味的米。饐，食物经久而腐臭；餲食物存久了变味。

④赀（zī）：通“资”，钱财，费用。

和硬的食品。

吃生冷的瓜果蔬菜，会使人视力听力受损害。驴马吃了，当天眼睛就糜烂，何况人呢。四季都最好不要这样做，不只是夏天。

夏季不管是老人孩子都要吃生长成熟，烹制熟了的食物，这样到秋天不致得霍乱、吐泻的病。肚子里经常是暖的，血气就旺盛，各种疾病不生。

饮食不能吃得太多、太快，千万不要空腹喝茶、饭后喝酒、黄昏吃饭。夜深了不可喝醉酒，不可吃得太饱，也不可散步太远。

即使在暑气最热的时候，如果用冷水洗手、洗脸，也会使五脏干枯，缺少津液，更何况用冷水洗澡！发怒之后不能马上吃饭，刚吃完饭不能发怒生气。

凡是食物，或者伤及肺肝，或者伤及脾胃，或者伤及心肾，也有的可能会引发风疾、湿症和消损元气，这些都是应该禁忌的。

蒸饭要软，煮肉要烂，少喝酒，独自睡眠，这是养生的妙诀。脾是管消化食物的，夜间吃了就睡，脾就不能动作。《周礼》说："以音乐帮助饮食"，原来是脾爱好音乐，听到乐音脾脏就健康地运作了，所以听音乐是出于脾脏需要的。夏天昼长夜短，晚餐应吃少一些，恐怕吃多了难消化。

新米煮粥，要不稠不稀，趁热少喝。不管早晚，饿了就吃些，这是保养身体最好的境界。置身于此种境界中人，或许忽略了，没有注意到。而那些奔走于名利场的人们，难道不会把这看成仙人一样的生活吗?

饭后慢走数步，用手摩擦面部、胁部、腹部，仰面呵气四五口，能除去食物中的毒素。

饮食不能过冷，也不能过热。过热火气积聚有毒性，毒疮、恶疮之类多半由于饮食过热和烧烤过热而得。

因伤食造成饱胀，要紧闭口齿，耸肩向上看，向上运气到咽喉，停一会儿，再把气降到丹田。这样升降四五次，饱胀的食物就得到消化。

治疗饮食不消化，可以仰面躺直，两手按于胸前肚腹之上，往来摩运，翻江倒海，再运气九口。

适量饮酒可以陶冶性情，贯通血脉。然而过多饮用就会招致风寒败坏肾脏，烂肠腐胁，很可怕呀，吃饱之后更要禁止。

酒以陈年旧酿为上品，越陈越好。酒禁喝酸了的、混浊的;也禁狠饮、暴饮;尤戒冷饮。一定要饮清醇、洁净，味道中正的。

喝酒不适于气粗和太快。粗、快都能伤肺。肺是五脏的关键，尤其不可损伤，况且粗和快都显得缺乏教养和风度。

凡是早晨出行，适宜喝一杯酒来抵御霜露的毒气。没有酒，嚼生姜一片也可以。饮烧酒虽能驱寒冷，但它的功效是暂时的，却可以消耗人的精血，使人上火损伤眼目，胡须头发过早枯白，不喝烧酒也是可以的。只是制药以及烹制豆腐、豆豉、萝卜之类各种使人闷气的食品时，饮用烧酒是适宜的。

喝生酒、冷酒时间长了，两腿皮肤会裂，出水瘫麻肿痛，大多不能治好，有的还伤损视力。

喝酒之后干渴，不可饮水过多或多喝茶。茶性寒，随酒进入肾脏，成为滞毒之水，让腰脚发重发坠，膀胱冷痛，引发水肿、消渴病，手伸不直、腿瘸等病。

一般来说茶这种东西，四季都不可多饮，因为它会造成下焦虚冷，不仅仅是喝酒以后才会这样。只是饱饭之后喝一二杯是不可少的，这能帮助消化减去肥浓煎烤中的毒性。空腹应当禁忌。

茶性寒，必须热饮。喝冷茶没有不生病的。

讲究吃喝的人有三类：

一种是只图吃喝的人：这些人饭量本来就大，又不择精粗，只求填饱肚子。别人觉得他们蠢，而他们实在就为了对得起自己的饭量，不管有害有益，总不多加考虑。

一种是讲究滋味的人：务求尝遍美味，还连带着图好虚名，就把肥的浓的鲜的爽的生的熟的摆满桌子，把山珍海味，夸成非常难得的食品。当他们尝到了美味，虽很可口，然而物性的损益是不同的，况且鲜美的东西大多伤脾、烧烤的东西损伤血液，或者食物中有毒素而不容易被发现，不只是生冷引发的疾病而已。这是为了满足口腹而忘了性命的人们。虽然好虚名浪费钱，而这种滋味实在是不可取的。

一种是重视养生的人：饮必是好水（一夜澄清又滤干净的），饭必是好米（去掉砂石、谷稗，同时不吃腐饮变味的），蔬菜鱼肉只取时令常用的，一定要新鲜、洁净，一定要做熟，烹饪合乎规则，不追求贵重少见，却自有食品中的美味，不在烧烤上花费工夫，却能有益于精神。省了珍奇烹炙的钱财，而得到洁净的水米及平常菜蔬，这样调节保养，使身体和谐如意。所谓地上的神仙不也就这样吗？

吃，不必那么多品种，每顿饭有一两个美味就够了。纵使还有其他美味，也要等腹内食品消化之后再吃，这样才能受益。如果一顿饭有几十种美味填入腹中，恐怕五脏也承受不起，而且物性那么杂，其中岂能没有互相抵触的？对此也应当是有所畏惧的。

饮之属

从来称饮必先于食，盖以水生于天，谷成于地，天一生水，地二成之[①]，之义也。故此亦先食而叙饮。

【译】自古以来说到饮必定要放在食的前头，这是因为水生于天，谷成于地，天一生水，地二成之这种本义的缘故。所以这里也先于食而说饮。

论 水

人非饮食不生，自当以水谷为主。肴与蔬但佐之，可少可更。惟水谷不可不精洁。

天一生水。人之先天只是一点水。凡父母资禀清明，嗜欲恬淡者，生子必聪明寿考。此先天之故也。《周礼》云：饮以养阳，食以养阴。水属阴，故滋阳；谷属阳，故滋阴。以后天滋先天，可不务精洁乎？故凡汙[②]水、浊水、池塘死水、雷霆霹雳时所下雨水、冰雪水（雪水亦有用处，但要相制耳）俱能伤人，不可饮。

【译】人没有饮料食品不能生存，食用自当以水和谷类为主，鱼肉和菜蔬只是辅佐而已，可以少些也可以更换。而只有水谷不可不精不洁。

---

①天一生水，地二成之：《周易·系辞》：“天一，地二，天三，地四，天五，地六，天七，地八，天九，地十。”天阳地阴，奇数阳，偶数阴。所以天都是奇数，地都是偶数。阳生阴，水属阴，所以一生水；阴生阳，火属阳，所以二生火。以此类推，生木生金生土又各有不同。这是古人用阴阳五行来解释物质产生的学说。

②汙（wū）水：污水。

天一生水，人在生前只是一点水。凡是父母资质禀赋极好，又嗜好欲念很平淡的，所生的孩子必然聪明长寿。这是先天的原因。《周礼》说：饮可以养阳，食可以养阴。水属于阴，所以滋润阳；谷属于阳，所以滋润阴。以后天滋润先天，可以不求精洁吗？所以凡是污水、浊水、池塘死水、打雷时下的雨水、冰雪水（雪水也有用处，但要有所控制而已）都能伤害人，不能饮用。

第一江湖长流宿水

品茶、酿酒贵山泉，煮饭、烹调则宜江湖水。盖江湖内未尝无原泉之性也，但得土气多耳。水要无土滓，又无土性，且水大而流活，其得太阳亦多，故为养生第一。即品泉者，亦必以扬子江心[①]为绝品也。滩岸近人家洗濯处，即非好水。

暴取水[②]亦不佳，与暴雨同。

【译】品评茶水、酿造酒类以山泉为贵，煮饭、烹调则以江湖水为宜。因为江湖之内不是没有原来泉源的性质，但它得到土气更多。水应该没有土的渣滓，又没有土的性质，而且水势大而灵活流动，它得太阳光照也多，所以列为养生第一位。就是品评泉水的，也必以扬子江心的为绝好的品种。滩涂岸边靠近人家洗涤的地方，就不是好水。

刚刚从江湖中取来的水也不好，与暴雨相同。

---

① 扬子江心：长江在今仪征到扬州一段，古称扬子江。传说扬子江心有泉水涌冒，水极甘美。近代通称长江为扬子江。

② 暴取水：谓刚刚从江湖中取来的水。

取水藏水法

不必江湖，但就长流通港内，于半夜后舟楫未行时泛舟至中流，多带坛瓮取水归。多备大缸贮下。以青竹棍左旋搅百余回，急旋成窝即住手。将箬笠[1]盖好，勿触动。先时留一空缸。三日后用洁净木杓于缸中心将水轻轻舀入空缸内，舀至七分即止。其周围白滓及底下泥滓连水淘洗，令缸洁净。然后将别缸水如前法舀过。逐缸搬运毕，再用竹棍左旋搅过盖好。三日后舀过缸，剩去泥滓。如此三遍。预备洁净灶锅（专用常煮水旧锅为妙），入水煮滚透，舀取入坛。每坛先入上白糖霜三钱于内，然后入水，盖好。停宿一二月取供。煎茶与泉水莫辩。愈宿愈好。煮饭用湖水宿下者乃佳。即用新水，亦须以绵绸滤去水中细虿（秋、冬水清。春夏必有细杂滓）。

【译】不一定是江湖，只要是长远的水流经港湾，在半夜之后舟船不行驶的时候，用小船划到河中间，多带上些坛瓮之类取水回来，用青竹棍向左旋搅一百多次，水急急的旋转成涡了就住手，用箬笠盖好，不再触动。在做这件事以前留一个空缸。三天后用洁净的木勺在缸中心把水轻轻舀进空缸里，舀到七分满就停止。将缸里周围的白渣滓以及缸底的泥滓连水淘洗，使缸洁净。然后将别的缸里的水如前法舀过。逐个缸搬运完了，再用竹棍向左旋搅过，盖好。三天后再舀过缸，去掉剩下的泥滓。这样做三遍。预备洁净的灶锅（专

①箬（ruò）笠：用箬竹的篾或叶子制成的帽子，用来遮阳挡雨等。

用的常煮水的旧锅为妙），加进水煮到滚开透彻，将水舀出灌入坛。每个坛内先加上绵白糖三钱，然后进水，盖好。停放一二月取来用。用此水煎茶同泉水比较起来难以分辨。越停放越好。煮饭用湖水也是停放过的更好。就是用新水，也必须用绵绸滤掉水里的小虫子（秋天冬天水清，春夏必有小虫杂滓）。

第二山泉雨水

（烹茶宜）

山泉亦以源远流长者为佳。若深潭停蓄之水，无有来源，且不流出，但从四山聚入者亦防有毒。

雨水亦贵久宿（入坛用炭火熬过）。黄梅天[1]暴雨水极淡而毒，饮之损人，着衣服上即霉烂，用以煎胶矾制画绢，不久碎裂。故必久宿乃妙（久宿味甜）。三年陈梅水，凡洗书画上污迹及泥金澄漂必须之。至妙物也。

凡作书画，研墨着色必用长流好湖水。若用梅水、雨水则胶散。用井水则咸。

【译】山泉也是以源远流长的为好。如果是深潭停滞积蓄的水，没有来源，而且不流出去，是从四围山里聚到这里的水，要防备它有毒。

雨水也以久宿的为贵重（入坛以后用炭火熬过，然后停放）。黄梅天的暴雨水味道很淡而有毒，喝了损伤人，沾到

①黄梅天：夏初梅子成熟的时候。

衣服上就发霉腐烂，用它煮胶矾做绘画用的绢，不久就碎裂了，所以必定长久存放过的才好（久放的味还甜）。三年的陈黄梅水，凡是清洗书画上的污迹以洗漂及上面的泥金还必须用它，是非常妙的东西。

凡是写书作画，研墨着色必须用长流的好湖水。如果用梅水、雨水，胶质就会散。用井水又咸。

第三井花水

煮粥，必须井水，亦宿贮为佳。

盥面[①]必须井花水（平旦第一汲者名井花水[②]，轻清斥润），则润泽益颜。

凡井水澄蓄一夜，精华上升，故第一汲为最妙。每日取斗许入缸，盖好，宿下用，盥面佳，即用多，汲亦必轻轻下绠[③]，重则浊者泛上，不堪。凡井久无人汲取者，不宜即供饮。

【译】煮粥，必须用井水，也是以贮存时间久些的水为好。

洗脸必须用井花水（清早从井里打上的第一桶水叫井花水，它轻清开润），能够起润泽作用，有益于养颜。

凡是井水，已澄清存蓄了一夜，精华升到上面，所以第一桶为最好。每天取一斗放入缸里，盖好，睡觉前用来洗脸很好，可以多用多取，取水也必须轻轻地下井绳，重了就会

---

①盥（guàn）面：洗脸。

②平旦：天刚亮。第一汲者名井花水：第一次打上来的井水叫“井花”。

③绠（gěng）：汲水用的绳子。

让污浊部分泛到上面来，不能用了。凡是很久没人汲取的水井，不应当马上就供饮用。

白滚水

（空心嗜茶，多致黄瘦或肿癖，忌之）

晨起，先饮白滚水为上（夜睡，火气郁于上部，胸膈未舒，先开导之，使开爽），淡盐汤或白糖或诸香露皆妙。即服药，亦必先饮一二口汤[①]乃妙。

【译】早晨起来，先喝白开水为上（夜间睡眠，火气郁结于上部，胸膈膜没舒展开，要先开导，使它完全打开），淡盐水或白糖或各种香露都好。就是服用药物，也可以先喝一两口开水才好。

福桔汤

福桔饼，撕碎，滚水冲饮（“桔膏汤”制法见“果门”）。

【译】福桔饼，撕碎，用滚开水冲后饮用（“桔膏汤”的做法参见“果门”）。

橄榄汤

橄榄数枚，木槌击破，入小砂壶，注滚水，盖好，停顷作饮（刀切作黑绣，作腥，故须木槌击破）。

【译】橄榄几个，用木槌敲破，放入小砂壶，注入滚开水盖好，略微停一会儿，即可饮用（用刀切会生黑绣，有腥味，所以必用木槌击破）。

①汤：开水，即白滚水。

杏仁汤

杏仁，煮，去皮、尖。换水浸一宿。如磨豆粉法，澄。去水，加姜汁少许，白糖点注，或加酥蜜（北方土燥故也）。

【译】杏仁去掉皮和尖，用水煮，再换水浸泡一夜。像磨豆粉的方法一样，澄一遍以后，去水，加上少量的姜，稍加一些白糖，或者加些酥蜜（北方土地干燥的缘故）。

暗香汤[①]

腊月早梅，清晨摘半开花朵，连蒂入磁瓶。每一两许用炒盐一两洒入，勿用手抄，坏，箬叶、厚纸密封。入夏取开，先置蜜少许于杯内，加花三四朵，滚汤注入，花开如生，可爱。充茶香甚。

【译】腊月早梅初开，清晨摘取半开的花朵，连花蒂一并装入磁瓶里。每一两左右洒入炒盐一两，不要用手碰，用手碰会使花坏，用箬叶和厚纸密封起来。到夏天打开，先放一点蜂蜜在杯子里，加上梅花三四朵，用滚开水沏入，梅花像活的一样可爱，用来当茶饮，香得很。

须问汤

东坡居士歌括云：

三钱生姜（干，为末）、一斤枣（干用，去核），

二两白盐（飞过[②]，炒黄）、一两草[③]（炙，去皮）。

---

①暗香汤：宋代林逋《山园小梅》有“疏影横斜水清浅，暗香浮动月黄昏”之句，故其后常将梅花汤称暗香汤。

② 飞过：谓将盐用“飞”的方法处理过。

③ 草：即甘草。

丁香末香各半钱，

约略[1]陈皮一处捣。

煎也好，点也好，

红白容颜直到老。

【译】东坡居士所作歌谣包括：

三钱生姜（干的，研成末）、一斤枣（干着用，去掉核）。

二两白盐（处理过，炒黄了）、一两甘草（炙烤，去皮）。

丁香木香各半钱，

适量陈皮一起捣。

煎茶喝可以，烹茶喝也可以，

面色白里透红一直到老。

凤髓汤

（润肺，疗咳嗽）

松子仁、核桃仁（汤浸，去皮）各一两，蜜半斤。先将二仁研烂，次入蜜和匀，沸汤烹服。

【译】松子仁、核桃仁（用热水泡，去皮）各一两，蜂蜜半斤。先把二仁细细地磨烂了，再加上蜜调和均匀，用开水烹了再服用。

芝麻汤[2]

（通心气，益精髓）

干莲实一斤，带黑壳炒极燥，捣，罗极细末，粉草一两，

---

① 约略：适量。

②本方未见有芝麻，疑有错漏。似为“水芝汤”。

微炒，磨末，和匀。每二钱入盐少许，沸汤烹服。

【译】干的莲子一斤，带着黑壳炒到极干，然后捣碎，筛成极细的末，粉草一两，稍微炒一下，磨成粉末，调和均匀。每二钱加入少量的盐，用沸水烹，然后服用。

柏叶汤

采嫩柏叶，线缚，悬大瓮中，用纸糊[①]。经月取用。如未甚干，更闭之。至干取为末，入锡瓶。烹汤，嫩草色。夜话饮之，尤醒酒益人。

新采洗净，烹汤更妙。

【译】采集嫩柏树叶，用线缚起来，悬挂在大瓮里面，再用纸封糊住瓮口。过一月取出使用。如果柏叶还不很干，就再封闭它。到干后取出来研末，装进锡瓶里。用来烹汤，出现嫩草的颜色。夜间闲话喝它，尤其能解酒有益于人。

新采的柏叶要洗干净，用来煮汤更美妙。

乳酪方

（从乳出酪，从酪出酥，从生酥出熟酥，从熟酥出醍醐）[②]

牛乳一碗（或羊乳），搀水半钟[③]，入白面三撮，滤过，下锅，微火熬之。待滚，下白糖霜。然后用紧火，将木杓打一会，熟了再滤入碗（糖内和薄荷末一撮更佳）。

①用纸糊：用纸糊瓮口。

②“从乳出酪”各句，出自《涅盘经》。酪，用牛、羊、马等乳炼制成的食品。酥，即“酥油”。醍醐，酥酪上凝聚的油质，为古人认为的最高等级的奶制品。

③钟：即“盅”，饮酒喝茶用的无把小杯子。

【译】牛奶一碗（或羊奶），搀水半盅，加入白面三撮，滤过之后，下锅，用微火来熬。到水滚开的时候，下绵白糖。然后用急火煮，拿木杓打一会儿，熟了再过滤到碗里（糖里边和上一撮薄荷末更好）。

奶子茶

粗茶叶煎浓汁，木杓扬之，红色为度。用酥油及研碎芝麻滤入，加盐或糖。

【译】用粗茶叶煎成浓汁，用木杓扬起汁液，以颜色红了为限度。再用酥油和研碎了的芝麻过滤后加进去，再加些盐或者糖。

杏酪

京师甜杏仁，用热水泡，加炉灰一撮，入水，候冷，即捏去皮，用清水漂净。再量入清水，如磨豆腐法带水磨碎。用绢袋榨汁去渣。以汁入锅煮熟，加白糖霜热啖[①]。或量加牛乳亦可。

【译】北京的甜杏仁，用热水泡，加上炉灰一撮入水，等冷却了，剥去杏仁的外皮，用清水漂净，再适量加入清水，像磨豆腐的方法一样带着水磨碎，用绢袋子榨去渣滓。把汁液入锅煮熟，加上绵白糖趁热吃。或者适量添加些牛奶也可以。

【评】杏酪：杏仁茶又称杏仁酪。此小吃历史悠久，到清代食用此品的人更加广泛。上至京城的满汉席，下至平民

①热啖（dàn）：趁热吃。啖，即啖。

百姓的日常生活，杏仁茶都常被饮用。其颜色洁白，口感细腻、甜润，杏仁香味浓郁，也曾为北京早点食品之一。作为药膳，有滋阴、养肺及润肠的功效。

现代杏仁茶的做法：

1. 大米、江米洗净，稍清水泡杏仁去掉黄皮和两米一同磨成糊。

2. 锅内加开水，倒入白糖溶化，再将磨好的糊料倒入，搅拌均匀，煮5分钟即可，稍温加入桂花香水，吃时装碗后碗面上加少量白糖、金糕丁即可。（佟长有）

麻腐

芝麻略炒，微香，磨烂，加水，生绢滤过，去渣，取汁煮熟，入白糖，热饮为佳。或不用糖，用少水凝作腐[1]，或煎或入汤，供素馔[2]。

【译】芝麻略炒一下，炒到略微有了香味，磨烂它，加上水用生绢滤过，去掉渣滓，取其汁液煮熟了，加上白糖。以热着喝为好。或者不用糖，用少量的水使汁液凝成豆腐状，或者煎着吃或者下到汤里，作为素食供餐。

酒

饮膳[3]标题云：酒之清者曰“酿”；浊者曰“盎”[4]；厚

①凝作腐：凝成豆腐状。

②供素馔：作为素食供餐。

③饮膳：这段话引自《本草纲目·酒》。饮膳，指《说文解字》等书中的饮膳部分。

④盎（àng）：盎齐，（浊酒）的省称。“三曰盎齐。”——《周礼·酒正》

曰“醇”；薄曰“醨”[1]；重酿曰“酎”[2]；一宿曰“醴”[3]；美曰“醑”[4]；未榨曰“醅”[5]；红曰“醍”[6]；绿曰“醽”[7]；白曰“醝”[8]。

又《说文》[9]：“酴”[10]，酒母也；“醴”，甘酒一宿熟也[11]；“醪”[12]，汁滓酒也；“酎”，三重酒也；“醨”，薄酒也；“醑”，莤[13]酒，醇酒也。

又《说文》：酒白谓之“醙”[14]。馊者，坏饭也，老也。饭老即坏，不坏即酒不甜。又曰：投者，再酿也[15]。《齐民要术》“桑落酒”有六七投者[16]。酒以投多为善。酿而后坏则甜，未酿先坏则酸，酿力到而饭舒徐以坏则不甜而妙。

①醨（lí）：味薄的酒。

②酎（zhòu）：经过两次和多次复酿的酒。

③醴（lǐ）：一夜酿成的酒。

④醑（xǔ）：佳美的酒。

⑤醅（pēi）：未经压榨的酒，或未过滤的酒。榨和滤的作用是一致的。

⑥醍（tǐ）：红色的酒。

⑦醽（líng）：绿色的酒。

⑧醝（cuō）：白色的酒。

⑨《说文》：东汉许慎的《说文解字》。

⑩酴（tú）：亦称酒母，酒曲，酵。

⑪醴（lǐ）：甜酒。《说文》：醴，酒。

⑫醪（láo）：汁滓酒，汁滓混合的酒，有的也指浊酒。

⑬莤（sù）：酒去糟。《诗·小雅·伐木》“有酒湑我”，毛传：“湑，莤之也。”陆德明释文：“莤与《左传》缩酒同义，谓以茅泲之而去其糟也。”泲（jǐ），过滤。

⑭醙（sōu）：饭久放变质发出的气味。又《说文》：酒白谓之“醙”，查《说文解字》没有此句，疑为作者误记。

⑮投：为酘（dòu）之误。酘，酒再酿。指将煮熟、蒸熟的饭粒投入麴液中，作为发酵材料。往往并不一次投入，故称再酿。

⑯此语有误，据《齐民要术·法酒第六十七》“作桑洛酒法”说，“麴末一斗，熟米二斗。其米令精细。净淘，水清为度。用熟水一斗。限三酘便止……”，并非六七酘。

【译】《说文解字》有关饮膳的空里说：酒里面清彻的叫作“酿”；混浊的叫作“盎”；味道厚的叫作“醇”；味道淡的叫作“醨”；重复酿造的叫“酎”；一夜酿成的叫“醴”；味美的叫“醑”；未压榨的叫“醅”；红色的叫“醍”；绿色的叫“醽”；白色的叫作“醝”。

《说文》又说：“醾”就是酒母、酒曲；“醴”是甘酒一夜可熟；“醪”是汁滓酒；“酎”是三重酿的酒；“醨”是味道淡薄的酒；“醑”叫茜酒，醇厚。

《说文》又说：白酒叫做“醙”。馊就是饭坏了、老了。饭老就坏，不坏酒就不甜。又说：所谓酘，就是再酿。《齐民要术》“桑洛酒”有六七酘的。酒以多酘为好。酿了以后坏的就甜，未酿先坏的就酸，酿造力到了而饭粒慢慢坏就不甜而味道美妙。

酒酸[①]

用赤小豆一升，炒焦，袋盛，入酒坛，则转正味。

北酒：沧、易、潞[②]酒皆为上品。而沧酒尤美。

南酒[③]：江北则称高邮五加皮酒及木瓜酒，而木瓜酒为良。江南则镇江百花酒为上。无锡陈者亦好。苏州状元红品最下。扬州陈苦酵亦可。总不如家制三白酒，愈陈愈好。南

---

①这里记述的是发酸的酒怎样转为正味的方法。

②此条前原缺题目，介绍的为北方名酒。沧，即河北沧州；易，即河北易州；潞，即山西潞州。

③南酒：南方的酒，主要讲江浙一带的酒。

浔竹叶青亦为妙品。此外，尚有瓮头春、琥珀光、香雪酒、花露白、妃醉、蜜淋檎等名，俱用火酒促脚，非常饮物也。

【译】用赤小豆一升，炒焦了，盛入袋里，放进酒坛子，酸味就可以转成正味。

北方的酒，沧州、易州、潞州的都是上品。而沧州酒尤其美好。

南方的酒，长江以北就属高邮的五加皮酒和木瓜酒，而以木瓜酒比较好。长江以南以镇江的百花酒为上品。无锡的陈酒也很好。苏州的状元红等级最下。扬州的陈苦酵酒也可以。总不如自家做的三白酒，越陈越好。南浔的竹叶青也是妙品。此外，还有瓮头春、琥珀光、香雪酒、花露白、妃醉、蜜淋檎等名目，都是用火酒促脚，不是可以寻常饮用的。

饭之属

论米谷

食以养阴。米谷得阳气而生，补气正以养血也。

凡物久食生厌。惟米谷禀天地中和之气，淡而不厌，甘而非甜，为养生之本。故圣人“食不厌精”[①]。夫粒食为人生不容已之事。苟遇凶荒贫乏，无可如何耳。每见素封者[②]仓廪充积而自甘粗粝，砂砾、粃糠，杂以稗谷都不拣去。力能洁净而乃以肠胃为砥石[③]，可怪也。古人以食为命，彼岂以命为食耶？略省势利奔竞之费，以从事于精凿[④]，此谓知本。

谷皮及芒最磨肠胃。小儿肠胃柔脆，尤宜检净。

【译】《周易》说：饮可以养阳，食可以养阴。米谷因得阳气而生，它可以补气正好来养血。

食物吃久了会让人厌烦。只有米谷禀赋了天地之间的正气，虽然味道清淡却不讨厌，甘饴却不甜腻，是养生的根本。所以孔子说：“食不厌精。”“粒食”在人生中不算大事。但如果遇到荒年，就会让人想而不可得。经常看见有钱人家粮食富足却甘愿吃粗饭不讲究饮食的精细。本有能力吃得细致却把肠胃当成磨刀石对待，这太奇怪了。古代人把饮食当成命，他们难道是用命在吃？省点儿为势力奔走的工夫，把

①《论语·乡党》。

②素封者：没有官爵封邑而和封君一样富有的人。粗粝，粗劣的食品。粝，糙米。

③砥（dǐ）石：细的磨刀石。

④精凿：指把米谷舂得精细一些。

精力多花一些在认真吃饭上，这才算得上懂得生活的根本。

谷皮和芒最能磨损肠胃。小孩子肠胃还很柔嫩，尤其要注意干净。

蒸饭

北方捞饭去汁而味淡，南方煮饭味足，但汤水、火候难得恰好，非饐[1]则太硬，亦难适口。惟蒸饭最适中。

【译】北方做捞饭，因为要去掉原汁味道平淡；南方煮饭味道较足，但是汤水、火候很难做到恰到好处，不是煮得太烂不好下咽就是煮得过硬，也难得吃得舒服。只有蒸饭最能适合需求。

【评】北方吃米，以陈并糙的米做饭，以捞饭为宜。北京豆饭更以捞饭为好。南方稻米新鲜，且粘度适中，以蒸、焖饭为好。（佟长有）

①饐（yē）：吞咽难。此处意为饭蒸得太烂而难以下咽。

粉之属

粳米粉

白米磨细。为主，可炊[1]松糕，炙燥糕。

【译】把白粳米磨得很细，做糕就以它为主，可以蒸成松糕，也可以烤成干的燥糕。

【评】粳米是稻米中的一种，也称大米。属稻米，分早稻、中稻和晚稻。中医认为粳米味甘性平，服后不仅除烦燥和口渴，还有补脾及肠胃的功效。

粳米磨细，发制后做大米面蜂糕，是过去商家和家庭经常食用的主食。

蜂糕的做法是将粳米磨细，加水、白糖发至松软（如今可用发酵粉、泡打粉加白糖），上屉蒸制。蒸制前在发好的面上撒些青红丝或果脯、果料或水泡的红枣即可，上锅蒸制，熟后切块即可食用。

另外，粳米可做枸杞粳米粥。材料是粳米、枸杞、白糖。三种食材下锅熬成粥，既简单又实用（糖尿病患者不宜多食此米）。（佟长有）

糯米粉

磨、罗并细。为主，可饼可煠[2]，可糁食[3]。

①炊：此处为蒸之意。

②煠（zhá）：同炸。

③糁（sǎn）食：指糯米粉糊。糁，以米和羹。

【译】研磨、过罗，都要很细，作为主料，可以做成饼，也可以炸着吃，还可以做糯米粉糊。

【评】糯米粉即江米粉，它是做小吃的重要原料之一，同时也是制作菜肴不可缺少的调料和配料。小吃，如炸麻团、元宵、各种年糕、艾窝窝、南瓜糯米饼、糯米糍等。（佟长有）

水米粉

如磨豆腐法，带水磨细。为元宵圆尤佳。

【译】像磨豆腐的办法，带水磨成细而浓的浆。用来做元宵节的汤圆更好。

碓粉

石桕杵极细。制糕软燥皆宜。意致[①]与磨粉不同。

【译】把米放在石臼中用杵捣成极细的粉。蒸糕和软和燥都合适。风味与磨成的粉不一样。

黄米粉

冬老米磨，入八珍糕或糖和皆可。

【译】冬季用老黄米磨制，加入八珍糕或者与糖和在一起，都可以。

【评】黄米粉是一种黄米（粘米）碾的面粉，黄米补虚损、益精气、补肾宜肺、对久病体虚大有好处，而且可通便、安神。

①意致：风味之意。

黄米粉可做成的食品有：东北粘豆包、湖南黄米面凉糕、河北张家口黄米面炸糕、北京小吃黄米面枣切糕、驴打滚等。（佟长有）

藕粉

老藕切段，浸水。用磨一片，架缸上。将藕就磨磨擦，淋浆入缸。绢袋绞滤，澄去水。晒干。每藕二十斤，可成一斤。

藕节粉，血症人服之尤妙[1]。

【译】老藕切成段，浸泡在水里，用一片石磨，架在缸上，把藕段就着磨研磨，使藕段中的汁液落到缸里，再用绢袋绞、过滤，澄清去掉水，晒干。每二十斤藕，可以做成一斤藕粉。

藕节的粉，患出血病的人服用尤其好。

鸡豆[2]粉

新鸡豆，晒干，捣去壳，磨粉。作糕佳，或作粥。

【译】新鸡豆，晒干，捣去外壳，磨成粉。做糕很好，或者做粥。

【评】明文震亨《长物志》载："芡花昼展宵合，至秋作房如鸡头，实藏其中，故俗名鸡豆。"对于以鸡豆做糕，明人文震亨认为"若剥肉和糖，捣为糕糜，真味尽失"。意即如果把芡实捣烂做成鸡豆糕，则失去了本来味道，可见明朝与清朝饮食口味之不同。（佟长有）

---

①藕节的粉，对患出血病的人适用。有关资料证实：藕节中含鞣质、天门冬素等，可以止血散瘀，治咳血、吐血、衄血、尿血、便血、血痢、血崩诸症。

②鸡豆：即芡，子实叫"芡珠"，结实如栗球而尖，雪白如玉，可食。

栗子粉

山栗切片，晒干，磨粉，可糕可粥。

【译】山栗子肉，切成片，晒干了，磨成粉。可以做糕也可以做粥。

【评】北京传统小吃栗子糕，以凉吃最好，所以也称栗子凉糕，系用栗子粉加白糖、桂花，经压制而成，色微黄、味甜糯，为小吃之上品。（佟长有）

菱角粉

去皮，捣滤成粉。

【译】去掉菱角的外皮，捣碎过滤晒成粉。

松柏粉

带露取嫩叶，捣汁，澄粉。绿香可爱。

【译】带着露水采摘嫩叶，捣成汁，澄清晒成粉。绿色味香可爱。

山药粉

鲜者捣，干者磨。可糕可粥，亦可入肉馔。

【译】用新鲜山药，捣碎，晒干磨成粉。可做糕可做粥，也可以同肉一起做菜。

蕨[1]粉

作饼饵食，甚妙。有治成货者。

①蕨（jué）：多年生草本植物，生于山野草地，嫩叶可食用，根茎可制淀粉。

【译】用蕨粉做成饼饵很好吃。此粉有做成商品卖的。

莲子粉

干莲子捣碎，去心，磨粉。

【译】干莲子，捣碎，去心，磨成粉。

煮面

面不宜生水过。用滚汤温过妙。冷淘[1]脆烂。

【译】熟面条，不适宜用生水过，用滚开水、温水过为好，过水面软硬适中。

面毒

用黑豆[2]汁和面，再无面毒。

【译】用黑豆的汁液和面，就不会再有面毒。

【评】李时珍《本草纲目》说："按古方称大豆解百药毒，予每试之，大不然，又加甘草，其验乃奇，如此之事，不可不知。"（佟长有）

①冷淘：过水面。

②黑豆：又称乌豆、黑大豆、冬豆子。性甘平，有活血、利水、祛风、解毒等功用。

粥之属

煮粥

凡煮粥，用井水则香，用河水则淡而无味。然河水久宿煮粥亦佳，井水经暴雨过亦淡。

【译】凡是煮粥，用井水就香，用河水就淡而无味。然而河水经过长时间存放，煮粥也好吃，而井水经过暴雨之后味道也是淡的。

神仙粥①

（治感冒伤风初起等症）

糯米半合②，生姜五大片，河水二碗，入砂锅煮二滚，加入带须葱头七八个，煮至米烂，入醋半小钟，乘热吃，或只吃粥汤亦效。米以补之，葱以散之，醋以收之，三合③甚妙。

【译】用糯米半合、生姜五大片、河水二碗，放入砂锅煮两个滚开，再加入带须子的葱头七八个，煮到米烂了，再加入醋半小盅。趁热吃，或者只喝粥汤也有一样的功效，这是由于用米来补、用葱来散、用醋来收敛，三种作用合起来的缘故。

胡麻④粥

胡麻去皮蒸熟，更炒冷香，每研烂二合，同米三合煮粥。

①神仙粥：此似指“治感冒伤风初起等症”有神效。

②合（gě）：十分之一升。

③三合：“米以补之，葱以散之，醋以收之”三种作用的合力。

④胡麻：即芝麻。

胡麻皮肉俱黑者更妙，乌须发、明目、补肾，仙家美膳。

【译】芝麻去掉皮蒸熟，再炒一下有香味时冷却，研烂，每二合与米三合，放在一起煮粥。芝麻皮肉都黑的更好，可使白胡须白头发变黑，还能明目、补肾，是仙人家的美餐。

薏苡[1]粥

薏米虽舂白，而中心有坳[2]，坳内糙皮如梗，多耗气。法当和水同磨，如磨豆腐法，用布滤过，以配芡粉[3]、山药乃佳。薏米治净，停对白米煮粥。

【译】薏米虽然可以舂成白色，而中心有个坳，坳里的糙皮像梗子，能多耗气。制作方法应当和水一起磨，像磨豆腐的方法，用布滤过，再配上芡粉或山药才好。薏米要收拾干净，放一会儿同白米煮粥。

【评】薏米是薏苡果的果仁。古代人以薏米为自然珍品，常用祭祀。它有清热去湿功效，有防癌作用。薏米的吃法有三，其一煮粥，如红豆薏米粥、绿豆莲子薏米粥、枸杞薏米粥等；其二可做糕类食品，如薏米绿豆冰糕、薏米银耳炖雪莉等饮品；其三做菜，如薏米炖精排、冬瓜薏米炖老鸭等。（佟长有）

---

①薏苡（yì yǐ）：多年生草本植物，果仁叫薏米，也叫薏仁米、苡仁、苡米、薏苡仁、珠珠米等。薏米性甘淡、凉，有健脾，补肺，清热，利温等功效。

②坳（ào）：指薏米中心有一小而浅的瘪塘。

③芡粉：芡实之粉。芡实，睡莲科植物芡的成熟种仁，又叫鸡头米、雁头米。其性味甘涩平。有健脾，止泻，益肾固精，祛湿止带等功效。

山药粥

（补下元[①]）

怀山药[②]为末，四六分[③]配米煮粥。

【译】怀山药，研为沫，按山药末与用米量四比六的比例煮粥。

芡实粥

（益精气，广智力，聪耳目）

芡实，去壳。新者研膏，陈者磨粉，对米煮粥。

【译】芡实，去掉外壳，新的磨成稠膏，陈的磨成粉，同米一起煮粥。

【评】芡实也叫鸡头米、鸡头荷、鸡头莲，是一年生水生草本，我国大部分地区均有。芡实也是煮粥佳品，如芡实薏米粥。薏米、芡实洗净，水泡 1 小时，槟榔干切片，水开锅后放薏米、芡实煮熟（耐煮），需 15 分钟至 20 分钟，在 15 分钟后下槟榔片稍煮即可。芡实有较强的收湿作用，便秘、赤尿及妇女产后不宜食用。（佟长有）

---

①下元：中医学名词。即“肾气”。因五脏中肾在最下，肾脏有元阴、元阳，为元气之本，故称下元。

②怀山药：山药的别名。是一种生长在河南的“药食同源”的药材，以焦作市的最佳，焦作古称怀庆府，所以这里的山药便叫作怀山药，有补气、补脾胃及补肾固精等功效，所以山药粥注明为“补下元”。

③四六分：指山药末与米用量的比例为四比六。

莲子粥

（功效同芡实粥）

去皮心煮烂，捣，和入糯米煮粥。

【译】将莲子去掉外皮、莲子心，煮烂，然后捣碎，加入糯米煮粥。

肉粥

白米煮成半饭，碎切熟肉如豆，加笋丝、香蕈、松仁，入提清美汁[①]煮熟。咸菜采嗽佳[②]。

【译】白米煮成半熟的饭，把熟肉切成豆大的小块，加上笋丝、香菇、松仁，再加提制而成的美味清汤，一起煮熟，就腌白菜嫩心吃粥特别香。

羊肉粥

（治羸弱壮阳[③]）

蒸烂羊肉四两，细切，加入人参、白茯苓各一钱，黄芪五分，俱为细末，大枣二枚，细切，去核，粳米三合，飞盐二分，煮熟。

【译】羊肉四两蒸烂，切细，加入人参、白茯苓各一钱，黄芪五分，都研成细末，大枣二个，切细去核，粳米三合，飞盐二分，煮熟。

---

①提清美汁：指提制而成的美味清汤。清汤一般在烧制高级汤菜时用，此处用来煮粥。
②咸菜采嗽（dàn）佳：采咸菜的嫩心就肉粥吃，味道鲜美。咸菜，腌制的大白菜。
③治羸（léi）弱壮阳：治疗瘦弱，温壮肾阳。羸弱，瘦弱。

饵之属

顶酥饼

生面，水七分，油三分和稍硬，是为外层（硬则入炉时皮能顶起一层。过软则粘不发松）。生面每斤入糖四两，纯油和，不用水，是为内层。扞须开折，须多遍，则层多。中层裹馅。

【译】生面，用水七分、油三分的比例和起来，要稍硬一些，这是做顶酥饼的外层（稍硬的面做饼的外层，入火烘烤时，饼面能起一层酥皮，软了就发粘，不蓬松）。生面每斤加糖四两，全用油和，不用水，这是做内层。擀的时候要有开有折，反复多次，这样层才会多。中间那层裹馅。

雪花酥饼

与“顶酥面”[①]同。皮三瓤七则极酥。入炉候边干定为度。否则皮裂。

【译】做法与“顶酥饼”相同，皮的用面量占三分，瓤占七分，就非常酥。入炉以后等饼的周边已烘干了作为熟的标准。不然，饼皮就会开裂。

蒸酥饼

笼内着纸一层，铺面四指[②]，横顺开道[③]，蒸一二炷

---

①顶酥面：为“顶酥饼”之误。

②铺面四指：向笼里铺四指厚的面粉。

③横顺开道：在面表面纵横划道道（使面粉熟得快一些）。

香[1]，再蒸更妙。取出，趁热用手搓开，细罗[2]罗过，晾冷，勿令久阴湿。候干，每斤入净糖四两，脂油四两，蒸过干粉三两，搅匀，加温水和剂，包馅，模饼[3]。

【译】蒸笼里放一层纸，上面铺上四指厚的面粉，再在面粉上划横竖的道道，蒸上一两炷香的时间，多蒸更好，取出来，趁热用手搓开，用细罗罗过，晾冷却，不能让它长久地阴湿。等晾干了，每斤面加入净糖四两、脂油四两，蒸过的干粉三两，搅均匀，用温水和成剂子，包上馅，用模子压成饼。

薄脆饼

蒸面，每斤入糖四两，油五两，加水和，扞开，半指厚。取圆，粘芝麻，入炉。

【译】蒸好的面粉，每斤加入糖四两，油五两，加水和起来，擀成半指厚，做成圆饼，粘上芝麻，入炉烤制。

裹馅饼

（千层饼也）

面与顶酥瓤同。内包白糖，外粘芝麻，入炉要见火色。

【译】用面和"顶酥饼"的瓤相同。内里包进白糖，外表粘上芝麻，放进炉里要看好火候。

---

④蒸一二炷香：指蒸的时间要有燃尽一二炷香左右的时间。

⑤细罗：即很细的罗子，有绢罗、铜丝罗等。

①模饼：用模具压成饼。

千层薄脆饼

（此裹馅饼也）

生面六斤、蒸面四斤、脂油三斤、蒸过豆粉二斤，温水和，包馅，入炉。

【译】生面六斤，蒸过的面四斤，脂油三斤，蒸过的豆粉二斤，用温水和起来，包上馅，入炉。

炉饼

蒸面，用蜜、油停对和匀入模。蜜四油六则太酥，蜜六油四则太甜，故取平。

【译】蒸面，用蜜和油混和，对半和面均匀后用模具做饼。蜜四成油六成饼就太酥，蜜六成油四成又太甜，应取平均数。

玉露霜

天花粉[①]四两、干葛[②]一两、桔梗一两俱为面，豆粉十两，四味搅匀。干薄荷用水洒润，放开，收水迹，铺锡盂底，隔以细绢，置粉于上，再隔绢一层，又加薄荷，盖好，封固。重汤煮透，取出。冷定，隔一二日取出，加白糖八两和匀，印模。

一方：止用菉豆粉、薄荷，内加白檀末。

---

①天花粉：在冬天掘出的瓜蒌（即栝蒌）的根所磨的粉。有清热、解毒、消肿和解渴等功效，适用于发热、口渴、津液缺少以及疱、疡、痈、肿等症。古人也用来煮粥、做糕点。

②干葛：即葛根。有发汗、解热、止泻等功效，适用于热性病和麻疹高烧、疹子透发不畅等症。

【译】冬天掘出的瓜蒌的根所磨成的粉四两、葛根一两、桔梗一两都做成细粉，豆粉十两，以上四味搅均匀。干薄荷用水洒湿润，放开，收敛水迹，铺进锡盂底部，用细绢隔离，把粉面放在上面，再隔绢一层，加薄荷，然后盖好密封结实。加较多水来煮透，再把锡盂拿出来。等冷却后，隔一二天从锡盂中将其取出，加入白糖八两调和均匀，用模具印成。

另一方法，只用绿豆粉、薄荷，内加入白檀末。

内府[1]玫瑰火饼

面一斤、香油四两、白糖四两（热水化开）和匀，作饼。用制就玫瑰糖，加胡桃白仁、榛松瓜子仁、杏仁（煮七次，去皮尖）、薄荷及小茴香末擦匀作馅。两面粘芝麻熯热[2]。

【译】面一斤、香油四两、白糖四两（用热水化开），和均匀，做成饼。再用制成的玫瑰糖加上胡桃白仁、榛子仁、松子仁、瓜子仁、杏仁（煮七次，去掉皮尖）、薄荷以及小茴香末拌匀做馅。饼的两面都粘上芝麻，烙熟。

【评】北京的农历四月，是妙峰山玫瑰花盛开的季节。用玫瑰花做饼，是京城应时的点心。此饼皮酥色白，馅色紫红，不但口味甜香，更有一股玫瑰的香气。（佟长有）

松子海啰嗧

糖卤入锅熬一饭顷，搅冷，随手下炒面，旋下剁碎松子

---

①内府：指宫廷。

②熯（hàn）热：烙熟。熯，有焙、煎、烙等意。

仁，搅匀，拨案上（先用酥油抹案），扞开，乘温切象眼块（冷切恐碎）。

【译】把糖卤放入锅内先熬一顿饭的时间，搅动使它冷却，随手下入炒面，然后马上下剁碎的松子仁，搅拌均匀，拨到案板上（先用酥油抹在案板上），擀开，趁温热切成象眼块（冷着切恐怕要碎）。

椒盐饼

白糖二斤、香油半斤、盐半两、椒末一两、茴香末一两，和面，为瓤（更入芝麻粗屑尤妙）。每一饼夹瓤一块，扞薄熯之。

又法：汤、油对半和面，作外层，内用瓤。

【译】白糖二斤、香油半斤、盐半两、花椒末一两、茴香末一两，和面做瓤用（再加上芝麻的粗屑更好）。每块饼，加进瓤一块，然后擀薄，烙熟。

又一方法：热水和油各一半，和面，做饼的外层，里边用备好的瓤。

糖薄脆

面五斤，糖一斤四两、清油一斤四两、水二碗，加酥油、椒盐水少许，搜和[①]成剂。扞薄，如茶杯口大，芝麻撒匀，熯熟。香脆。

【译】面五斤、糖一斤四两、清油一斤四两、水二碗，

①搜和：调和揉制之意。

加酥油、少量椒盐水，揉制成剂子。再擀薄，像茶杯口那么大，均匀地撒上芝麻，烤熟。味道香脆。

晋府千层油旋烙饼

（此即虎邱[①]蓑衣饼也）

白面一斤、白糖二两，水化开，入真香油四两，和面作剂。扞开，再入油成剂；再扞。如此七次。火上烙之，甚美。

【译】白面一斤、白糖二两，用水化开，加入纯香油四两，和面做成剂子，擀开，再加上油做成剂子，再次擀开，再加上油成剂，再擀。这样做七次，放在火上煎烙，味道很美。

到口酥

酥油十两，化开，倾盆内，入白糖七两，用手擦极匀。白面一斤，和成剂。擀作小薄饼，拖炉微火熯。

或印或饼上栽松子仁，即名“松子饼”。

【译】酥油十两，化开倒在盆里，加入白糖七两，用手搓擦到极均匀，与白面一斤和成剂子，擀作小薄饼，上拖炉用微火烘烤。

或者用模子压作饼，或者在饼上栽插松子仁，就叫“松子饼”。

素焦饼

瓜松榛杏等仁和白面，捣印[②]，烙饼。

---

①虎邱：即苏州虎印名胜。明清时虎邱一带饭店出售美食甚多。

②捣印：把和好的面放入模具捣实。

【译】瓜子仁、松子仁、榛子仁、杏仁等和白面，放入印模压实，烙成素焦饼。

荤焦饼

焦熟鸡削薄片，晒干为末，和匀面，烙饼。

又虾米末亦妙。

【译】烤至焦香的熟鸡削成薄片，晒干研成末，与面和匀，烙饼。

用虾米末也好吃。

芋饼

生芋捣碎，和糯米粉为饼，随意用馅。

【译】生芋头捣碎后，和糯米粉做成饼，用什么馅可以随意。

韭饼

（荠菜同法）

好猪肉细切臊子[①]，油炒半熟（或生用），韭生用，亦细切，花椒、砂仁酱拌。捍薄面饼，两合拢边，熯之（北人谓之“合子”）。

【译】好猪肉，细细地切成臊子，用油炒至半熟（或生着用），韭菜生着用，也细细切好，再用花椒、砂仁酱拌均匀做馅，擀薄面饼，两个合拢包住馅把周边封好，烙熟（北方人叫作“合子”）。

①臊子：肉末，极小的肉块。

光烧饼

（就是北方代饭饼）

每面一斤，入油半两、炒盐一钱，冷水和，骨鲁槌[①]扞开，鏊上煿[②]，待硬，缓火烧热。极脆美。

【译】一斤面，加入半两油、一钱炒盐，用凉水和起来，用骨鲁槌擀开，放到鏊上烤，等饼有些硬了，再用慢火烧熟。非常脆美。

【评】骨鲁槌：也称“走锤”，北京都一处烧麦馆做各种馅的烧麦，在擀皮时必用走锤方可成形。（佟长有）

豆膏饼[③]

大黄豆炒，去皮为末，白糖、芝麻、香油和匀。

【译】大黄豆炒制，去掉外皮研为粉末，用白糖、芝麻、香油调和均匀。

酥油饼

油酥面四斤、蜜二两、白糖一斤，搜和，印饼，上炉。

【译】油酥面四斤，蜜二两、白糖一斤，揉和起来，用模子印成饼，上炉子烘烤。

山药膏

山药蒸将熟，搅碎，加白糖、淡肉汤煮。

---

②骨鲁槌：一种擀面的用具，似车轮可滚动。

③鏊（ào 傲）上煿（bó 薄）：在鏊上烤。鏊，铁制的烙饼平锅。

①本条关于如何做成饼未作介绍，应为模具压制而成。

【译】山药蒸到快要熟时，捞出来搅碎，加上白糖、淡肉汤，煮到熟。

菉豆糕

菉豆用小磨磨去皮，凉水过净，蒸熟，加白糖捣匀，切块。

【译】绿豆用小磨磨去皮，用凉水洗干净，蒸熟，加上白糖，捣均匀，切成块。

八珍糕

山药、扁豆各一斤，苡仁、莲子、芡实、茯苓、糯米各半斤，白糖一斤。

【译】山药、扁豆各一斤，苡仁、莲子、芡实、茯苓、糯米各半斤，白糖一斤。

栗糕

栗子风干剥净，捣碎磨粉，加糯米粉三之一，糖和，蒸熟，妙。

【译】栗子风干剥净，捣碎磨粉，加上三分之一糯米粉，与糖和在一起，蒸熟，很美味。

水明角儿①

白面一斤，逐渐撒入滚汤，不住手搅成稠糊，划作一二十块，冷水浸至雪白，放稻草上拥②出水，豆粉对配，作薄皮包馅，蒸，甚妙。

①水明角儿：指点心类烫面饺子，明代《易牙遗意》中有记载。

②拥：渗。

【译】白面一斤，一点点地撒入热水之中，不停地搅成稠糊状，用刀划成一二十块，用冷水浸泡到雪白，放在稻草上渗掉水分，豆粉按一比一的分量配在一起，做成薄皮，包上馅，蒸熟，很好吃。

油饺儿

白面入少油，用水和剂，包馅，作饺儿，油煎（馅同“肉饼法”）。

【译】用少量的油加到白面里，再用水和成剂子，包进馅，做成饺，下油锅煎（馅与“肉饼法”做法一样）。

面鲊①

麸切细丝一斤，杂果仁细料一升，笋、姜各丝，熟芝麻、花椒二钱，砂仁、茴香末各半钱，盐少许，熟油拌匀。

或入锅炒为齑②亦可。

【译】面筋切细丝一斤，各种果仁细料一升，笋、姜各切成丝，熟芝麻、花椒各二钱，砂仁、茴香末各半钱，少量食盐，用熟油拌均匀。

或者放入锅里炒成细末儿也可以。

面脯

蒸熟麸，切大片，香料、酒、酱煮透，晾干，油内浮煎。

【译】把面筋蒸熟，切成大片，连同香料、酒、酱煮透，

①面鲊（zhǎ）：即面筋鲊。鲊，指用盐和多种原料、调料拌制的菜，可以较长时间保存。

②齑（jī）：原指切碎的瓜菜之类，此处指面筋丝等炒成细碎的菜。

晾干了，在油锅里浮在表面煎熟。

响面筋

面筋切条，压干，入猪油炸过，再入香油炸，笊起，椒盐酒拌。入齿有声。不经猪油，不能坚脆也。

制就，入糟油或酒酿浸食更佳。

【译】把面筋切成条，压干了，用猪油炸过，再用香油炸，用笊篱捞出，加椒盐酒拌匀。吃起来有清脆的声音。不经过猪油炸，不能坚实清脆。

做成之后，加入糟油或酒酿浸泡着吃更好。

【评】此菜清炸。烹调方法：用油炸酥脆，蘸椒盐吃，为一道炸食的酒菜；也可将油面筋压扁、切丝，过油炸酥、加配料、兑红汁碗芡，既可糖醋味又可咸鲜味，称之为焦炒面筋。特点是外脆有口感、色泽红亮，好吃不腻。（佟长有）

熏面筋

细麸切方寸块，煮一过，榨干，入甜酱内一二日取出，抹净。用鲜虾煮汤（虾多水少为佳。用虾米汤亦妙），加白糖些少，入浸一宿（或饭锅顿[1]），取起，搁干炭火上微烘干，再浸虾汤内，取出再烘干。汤尽，入油略沸，捞起，搁干，薰过收贮。

虾汤内再加椒、茴末。

【译】把面筋切成方寸大的块，煮一下后榨干，加到甜

①顿：即炖。此处指放入碗中，碗放在饭上蒸。

酱里泡一两天后取出，抹干净沾上的甜酱。用鲜虾煮汤（虾多水少为好，用虾米汤也很好），加上少量白糖，再把面筋块放入虾汁中浸泡一晚（或者用饭锅炖），取出来，放在炭火上微微烘烤干了，再浸泡在虾汤中，取出来再烘干。直到虾汤用光了，再入油锅略微炸一炸，捞起来，放干，熏过，收贮起来。

虾汤里应再加上花椒、茴香末。

馅料

核桃肉、白糖对配，或量加蜜或玫瑰、松仁、瓜仁、榛杏。

【译】核桃肉和白糖一比一相配，或适量加些蜂蜜或玫瑰、松仁、瓜仁、榛子仁、杏仁。

糖卤

（凡制甜食，须用糖卤。内府方也）

每白糖一斤，水就用三碗，熬滚。白绵布滤去尘垢，原汁入锅再熬，手试之，稠粘为度。

【译】用一斤白糖，水就用三碗，熬到滚开，用白绵布滤掉其中的尘垢，原汁入锅再熬，用手试一下，熬到以粘稠为好。

制酥油法①

牛乳入锅熬一二沸，倾盆内冷定，取面上皮。再熬，再冷，

① 制酥油法：酥油古代又称“苏”“酪苏”“马思哥油”“白酥油”等。其制作方法，《齐民要术》《臞仙神隐》等书有更详细的记载。

可取数次皮。将皮入锅煎化，去粗渣收起，即是酥油。留下乳渣，如压豆腐法压用。

【译】牛奶放入锅里熬一两个滚开，倾倒于盆里冷却，取上面的奶皮，剩下的奶入锅再熬，再冷却，可以取多次奶皮。把奶皮放入锅里煎化，去掉粗渣收起来，就是酥油。留下奶渣，像压豆腐的方法压起来，压去水分可以食用。

乳滴

（南方呼焦酪）

牛乳熬一次，用绢布滤冷水盆内。取出再熬，再倾入水，数次，羶气净尽。入锅，加白糖熬热，用匙取乳滴冷水盆内（水另换），任成形象。或加胭脂、栀子各颜色，美观。

【译】牛奶，熬一次，用绢布滤到冷水盆里。取出来再熬，再滤入水，如此数次，到羶腥气完全没有了，放入锅里，加上白糖熬热，用汤匙取奶滴到冷水盆中（水应另换），任它自然成形。或者加胭脂、栀子花各种颜色，很美观。

阁老饼

邱琼山[①]尝以糯米淘净，和水粉[②]，沥干。计粉二分，白面一分。其馅随用。熯熟为供。软腻，甚适口。

【译】邱琼山曾经把糯米淘洗干净，和入水磨粉，控去

①邱琼山：邱浚，字仲深，号深庵，也称邱琼山，明代海南岛琼山西厢（今府城下田村）人。

②和水粉：疑为“和水磨粉”。

水分。共计糯米粉和白面以二比一的分量和起来。它的内馅可以随便用。煎熟，可以供喜欢吃软腻食品的人食用，很适口。

玫瑰饼

玫瑰捣去汁，用滓[1]，入白糖，模饼。玫瑰与桂花去汁而香不散。他花不然。野蔷微（薇）、菊花及叶俱可去汁。“桂花饼”同此法。

【译】玫瑰花捣烂去掉汁（只用其泥），加入白糖，用模具压成饼。玫瑰花和桂花去掉水分但香味不散，别的花不行。野蔷薇、菊花和叶子都能去掉汁液。“桂花饼”和这个做法一样。

薄荷饼

鲜薄荷同糖捣，可膏可饼。

【译】鲜薄荷与糖一起捣烂，可以做成膏，也可以做成饼。

杞饼

枸杞去核，白糖拌捣，模饼，可点茶。“松仁饼”同法。

【译】枸杞子，去掉核，同白糖一起捣拌均匀，模压成饼，可以用来沏茶。与“松仁饼”同样做法。

---

①滓：此滓指玫瑰花捣成的泥。

菊饼

黄甘菊[1]去蒂，捣去汁，白糖和匀，印饼。加梅卤成膏，不枯，可久。

【译】黄菊、甘菊去掉蒂，捣去汁液，用白糖和均匀，模印成饼。加上梅子卤做成膏，不会枯掉，可以长久贮存。

山查膏

冬月山查，蒸烂，去皮核净。每斤入白糖四两，捣极匀，加红花膏并梅卤少许，色鲜不变。冻就，切块，油纸封好。外涂蜂蜜，磁器收贮，堪久。

【译】冬季的山楂，蒸烂，把皮、核去干净。每斤加入白糖四两，捣到非常均匀，加上红花膏和少量的梅子卤，颜色鲜艳不变，冷冻而成，切成块，用油纸封好，外面涂上蜂蜜，放入磁器里收存，可以长久贮放。

【评】山查膏应为山楂糕，也叫金糕，是京城一味开胃食品，甜酸适口。

山楂与红果不是一个品种。山楂在北京又叫榅桲，应是一种野生品种，山楂果实多为球形，皮色深红，表面分布褐色或金色小斑点，个头比红果稍小，口感酸甜而筋道。红果在北京又称山里红，其果实体积稍大而色鲜红，口感酸甜而较面。（佟长有）

①黄甘菊：黄菊和甘菊。甘菊属于白菊类。黄菊和白菊的功能不尽一样。黄菊味较苦，清热力较强，白菊平肝明目效果较好。

梨膏

（或配山查一半）

梨去核净，捣出自然汁，慢火熬如稀糊。每汁十斤，入蜜四斤，再熬，收贮。

【译】把梨核去净，捣出自然汁液，慢火熬成稀糊状。每十斤汁液，加入四斤蜂蜜，再熬，制好以后收贮。

乌葚膏

黑桑葚取汁，拌白糖晒稠。量入梅肉及紫苏末，捣成饼，油纸包，晒干，连纸收。色黑味酸，咀之有味。雨天润泽，经岁不枯。

【译】取黑桑葚的汁液，拌上白糖，晒稠。酌量加进梅子肉和紫苏末，捣制成饼，用油纸包好，晒干。连油纸一起收存。颜色黑味道酸，嚼之有味，下雨天显得滋润，经过一年也不干枯。

核桃饼

核桃肉去皮，和白糖，捣如泥，模印。稀不能持[①]。蒸江米饭，摊冷，加纸一层，置饼于上一宿，饼实而米反稀。

【译】核桃肉，去外皮，与白糖一起捣成泥状，模印成饼，太稀软用手拿不起来。蒸江米饭，摊开冷却，加盖一层纸，把核桃饼放在纸上，经过一夜，核桃饼变硬实了而江米饭反而有些稀了。

---

①稀不能持：核桃饼太软烂，拿不起来。

橙膏

黄橙四两，用刀切破，入汤煮熟。取出，去核捣烂，加白糖，稀布[①]滤汁，盛磁盘，再顿过。冻就，切食。

【译】黄橙四两，用刀切破，放进热水煮熟。取出，去掉核，捣烂，加入白糖，用细葛布滤出汁液，盛在瓷盘里，再炖过。冷冻好了，切块食用。

煮莲肉

水极滚时下锅，则易烂而松腻。

【译】水特别开时把莲子下锅，就很容易烂而且松腻。

莲子缠

莲肉一斤，泡，去皮，心，煮熟。以薄荷霜二两、白糖二两裹身，烘焙干。入供。

杏仁、榄仁核桃同此法。

【译】莲子一斤，浸泡，去掉皮和心，煮熟。用薄荷霜二两、白糖二两，把莲子裹住，烘烤干了，供食。

杏仁、橄榄仁、核桃同此做法。

芰什麻

（南方谓之“浇切”[②]）

白糖六两、饧糖[③]二两，慢火熬。试之稠粘，入芝麻一升，

①稀布：“絺（chī）布”之误，指细葛布。

②浇切：南方把芰什麻叫“浇切”。现在扬州、镇江、上海仍称之为“浇切糖”或写作“交切糖”。

③饧（xíng）糖：此指糖稀。

炒面四两，和匀。案上先洒芝麻，使不粘，乘热拨开，仍洒芝麻末，骨鲁槌杆开，切象眼块。

【译】白糖六两，饧糖二两，用慢火熬。试着稠粘了，加入芝麻一升，炒面四两，搅和均匀。案板上先洒上芝麻，使之不粘案板，趁热把锅里熬的稠粘物拨开在板上，再洒上芝麻末，用骨鲁捶擀开，切成象眼块。

上清丸

南薄荷一斤，百药煎[①]一斤，寒水石[②]（煅）、元明粉[③]、桔梗、诃子[④]肉，南木香[⑤]、人参、乌梅肉、甘松[⑥]各一两，柿霜[⑦]二两，细茶一钱，甘草一斤，熬膏。或加蜜一二两熬，和丸，如白果[⑧]大。每用一丸。噙化。

【译】南薄荷一斤，百药煎一斤，寒水石（煅过），元明粉、桔梗、诃子肉、南木香、人参、乌梅肉、甘松各一两，柿霜二两，

①百药煎：中药“五倍子”的制剂。功效与五倍子相近，多内胶，有涩肠止泻、敛肺止咳、止血、止汗等作用。

②寒水石：又名“凝水石”。味辛寒，性大寒。有清热泻火、除烦止渴等功效。

③元明粉：即“玄明粉”，因避康熙名讳“玄”写成“元”。是将芒硝煎炼，除去其所含杂质而成。是一种寒性泻下药，有泻火、通便等功效。

④诃子：即“诃黎勒”。味苦酸，性平。能涩大肠、止久痢等。又能治有痰久咳、气喘、失音，起敛肺降火的作用。

⑤南木香：指云南产的“木香”。木香属菊科多年生草本植物，其根作药用。有芳香健胃、行气止痛等功效。适用于胃部胀满、消化不良、呕吐、腹痛、腹泻等症。

⑥甘松：属败酱科的多年生草本植物。根和根茎入药。可疏肝解郁、理气止痛。适用于精神忧郁、胸闷不舒、消化不良、呕吐、腹痛、腹泻等症。

⑦柿霜：味甘，性凉，有清热生津，润燥止咳的作用。适用于肺热咳嗽、咽喉肿痛、胃热烦渴、口舌生疱等症。

⑧白果：即银杏。

细茶一钱，甘草一斤，熬成膏，或者加蜂蜜一二两熬制，和成丸，像白果大小。每次用一丸，在口内慢慢含化。

梅苏丸

乌梅肉二两、干葛六钱、檀香一钱、苏叶[1]三钱、炒盐一钱、白糖一斤，共为末，乌梅肉捣烂，为丸。

【译】乌梅肉二两、干葛六钱、檀香一钱、苏叶三钱、炒盐一钱、白糖一斤一起研成末，乌梅肉则捣烂，合制成丸。

【评】梅苏即乌梅，既可食用也可药用，主治三焦积极，口噪咽干，津液短少，饮酒过度，头昏目眩。此药含化，食后饮食应清淡。高血压、心脏病、肝病、糖尿病、肾病等慢性病患者应在医生指导下服用。（佟长有）

蒸裹粽

上白糯米蒸熟，和白糖拌匀，用竹叶裹小角儿，再蒸（核桃肉、薄荷末拌匀作馅，亦妙）。剥开油煎更佳。

【译】上好的白糯米蒸熟，和白糖拌均匀，用竹叶裹成小角儿，再蒸（核桃肉、薄荷末拌匀做馅，也很好）。剥开小角儿油煎更好。

香茶饼

甘松、白豆蔻[2]、沉香、檀香、桂枝、白芷[3]各三钱，孩

①苏叶：“紫苏”的茎叶简称苏叶。有发汗、行气、解毒等功效。

②白豆蔻：飰荷科多年生常绿植物白豆蔻的果实。味芳香，有健胃、促消化、化湿、止呕等功效。

③白芷（zhǐ）：伞形科多年生草本植物。根部入药。因根部呈白色，含粉质，气味芳香，故俗称白芷。有发汗，祛风湿、止痛、排脓、解毒等功效。

儿茶[①]、细茶、南薄荷各一两，木香、藁本[②]各一钱，共为末，入片脑[③]五分。甘草半斤，细切，水浸一宿，去渣，熬成膏，和剂。

【译】甘松、白豆蔻、沉香、檀香、桂枝、白芷各三钱，孩子儿茶、细茶、南薄茶各一两，木香、藁本各一钱，放到一起研为末，加入片脑五分。甘草半斤，切细，用水浸泡一夜，去掉渣滓，熬成膏，与上述各药合制成剂子。

又方（香茶饼）

檀香一两，沉香一钱，薄荷、诃子肉、儿茶、甘松、硼砂[④]各一两，乌梅肉五钱，共为末。甘草一斤，用水七斤，熬膏，为丸。加冰片少许尤妙。

【译】檀香一两，沉香一钱，薄荷、诃子肉、儿茶、甘松、硼砂各一两，乌梅肉五钱，共研为末。甘草一斤，用水七斤，熬成膏，制成丸。加上少量冰片尤为妙。

①孩儿茶：即“儿茶”，由儿茶树提取的黑色固体。味苦涩，性微寒，有清热燥湿、敛疮生肌和止血定痛功能。

②藁（gǎo）本：也叫“西芎”“抚芎”。伞形科，多年生草本植物。以根状茎入药。性温，味辛，有祛风、散寒、止痛等作用。

③片脑：即“冰片”。为龙脑树树脂的结晶体，原名龙脑香。冰片内服有开窍回苏的作用；外用有清热止痛、防腐止痒等作用。

④硼砂：无机化合物，呈白色或无色结晶，溶于热水。味辛咸，性寒，有清热解毒、化痰等功效。

酱之属

合酱[1]

今人多取正月晦日[2]合酱。是日偶不暇为，则云：时已失。大误也。按古者王政[3]重农，故于农事未兴之时，俾[4]民乘暇备一岁调鼎之用，故云“雷鸣不作酱”[5]，恐二三月间夺农事也。今不躬耕之家，何必以正晦为限，亦不须避雷，但要得法耳（李济翁《资暇录》[6]）。

【译】现在的人大多在正月的最后一天做酱。这一天如果没有时间做酱，就说：机会错过了。这种说法非常错误。古代帝王的政策重视农业，所以在农事还没开始做的时候，使百姓趁闲暇备好一年间食馔的调味品，所以说“雷鸣不作酱”，这是怕二三月间做酱会影响到农事的关系。现在并不种地的人家，何必以正月的最后一天为限，也用不着避讳雷鸣，但做酱要方法得当就是了（这些出自李济翁的《资暇录》）。

飞盐

古人调鼎，必曰盐梅[7]。知五味以盐为先。盐不鲜洁，

①合酱：制酱。酱馅做成后，加入佐料汤汁，搅拌均匀，放在烈日下曝晒。

②晦日：夏历每月的末一天。

③王政：帝王的政策。

④俾（bǐ）：使。

⑤雷鸣不作酱：民间俗谚，合酱忌雷鸣，故雷响了不能做酱。

⑥李济翁《资暇录》：李济翁，唐末人，原名李匡乂，李匡文。《资暇录》又名《资暇集》，是一本考据辨证类笔记。

⑦必曰盐梅：《尚书·说命下》：“若作和羹，尔惟盐梅”。盐和梅，咸和酸是做羹汤的基本要求。

纵极烹饪无益也。用好盐入滚水泡化，澄去石灰，泥滓，入锅煮干，入馔不苦。

【译】古人在烹饪中调味，一定需要使用盐和梅。知道五味之中是以盐为首的。如果盐不新鲜洁净，就是把一切烹饪技术都拿出来也没用。要用好盐放入滚开的水里溶化，澄去里边的石灰、泥滓，再入锅里煮干了。这样加到菜肴里就没有苦味。

甜酱

伏天取带壳小麦淘净，入滚水锅，即时捞出。陆续入，即捞，勿久滚。捞毕，滤干水，入大竹箩内，用黄蒿盖上。三日后取出，晒干。至来年二月再晒。去膜播净，磨成细面，罗过，入缸内。量入盐水，夏布盖面，日晒成酱。味甜。

【译】在夏季三伏天取带壳的小麦，淘洗干净，放入滚开水的锅里，马上捞出来。要陆续地下锅，并立即捞，不可以长时间在开水里煮。捞完之后，把水滤干，放入大竹箩里，用黄蒿盖上。三天后取出，晒干。放到第二年二月再晒。去掉麦壳簸扬干净，磨成细面，用箩筛过，放入缸中，适量放入盐水，用夏布盖上缸口，每天晒，最终成酱。味道是甜的。

甜酱方

（用面不用豆）

二月。白面百斤，蒸成大馋子，劈作大块，装蒲包内按实。盛箱，发黄[1]（大约面百斤成黄七十五斤），七日取出。不论干湿，每黄一斤，盐四两。将盐入滚水化开，澄去泥滓，入缸，下黄。将熟，用竹格细搅过，勿留块。

【译】在夏历二月份，取白面一百斤，蒸成大馍子，劈成大块，装进蒲包里，按结实。盛在箱子中，使之发黄（大约一百斤面能成黄酱七十五斤），七天后取出。不论干的湿的，每一斤黄酱，准备盐四两。把盐在开水里化开，澄去泥渣，放入缸里，再把黄下进去。快要成熟时，用竹格细细搅，不要留下结块的。

酱油

黄豆或黑豆煮烂，入白面，连豆汁揣和使硬。或为饼，或为窝。青蒿盖住，发黄。磨末，入盐汤，晒成酱。用竹篾密挣[2]缸下半截，贮酱于上，沥下酱油，或生绢袋盛滤。

【译】黄豆或者黑豆，煮烂了，加进白面，连豆汁揣揉使面发硬，或者做成饼，或者做成窝头。然后用青蒿盖住，把饼或窝罨成酱黄。磨成末，加入盐汤，晒成酱。用竹篾密撑在缸的下半截，酱放在撑子的上面，沥下的就是酱油。或者用生绢袋子盛起来过滤。

---

①发黄：变成“酱黄”。这是制酱的工序之一。古代叫作“罨黄”，即在适当温度、温度之下，使曲菌（一种丝状菌）在面块（或其他制酱原料）上繁殖的结果。罨（yǎn），掩覆，敷。

②挣：此为撑之意。

豆酱油

黑豆煮烂，滤起，放席上窝七日，取出，晒干。揣去皮，加盐，入豆汁，汁少添水，同入缸，日晒至红色。逐日将面上酱油撇起，至干。剩豆别用。

【译】黑豆煮烂，滤去汁液，放在席子上藏匿七天，取出后晒干，揣搓去皮，加上盐，再把滤出的汁液加进去，汁液少可以加添水，一起放进缸里，太阳晒到显出红色，逐日把浮在上面的酱油撇出来，一直到把酱油撇干，剩下豆子干别的用。

秘传酱油方

好豆渣一斗，蒸极熟，好麸皮一斗，拌和，合成黄子。甘草一斤，煎浓汤约十五六斤，好盐二斤半，同入缸，晒熟。滤去渣，入甕，愈久愈鲜，数年不坏。

【译】好豆渣滓一斗，蒸到非常熟，再用好麸子皮一斗，二者拌和，合成黄子。甘草一斤，煎成浓汤十五六斤，好盐二斤半，连黄子一起放到缸里，晒熟了，滤去渣滓，放入瓮中。时间越久越鲜美，存放多年也不坏。

甜酱

白豆炒黄，磨极细粉，对面，水和成剂。入汤煮熟，切作糕片，合成黄子，捶碎，同盐瓜、盐卤层叠入甕，泥头[①]。十个月成酱，极甜。

---

①泥头：用泥等封住甕口。

【译】白豆炒得发黄，磨成极细的豆粉，掺一些面粉，加水和成剂子，放入汤里煮熟，然后切成糕片，合成黄子，搥碎，同盐瓜、盐卤分层放入瓮里，用泥封上瓮口。十个月制成酱，非常甜。

一料酱方

上好陈酱五斤、芝麻二升炒、姜丝五两、杏仁二两、砂仁二两、陈皮三两、椒末一两、糖四两，熬好菜油，炒干。入篓。暑月行千里不坏。

【译】用上好的陈酱五斤、炒过的芝麻二升、姜丝五两、杏仁二两、陈皮三两、砂仁二两、花椒末一两、糖四两，熬好，用菜油炒干，放入篓子中。暑热天出行千里都不会坏。

糯米酱方

糯米一小斗，如常法做成酒（带糟），入炒盐一斤，淡豆豉半斤、花椒三两、胡椒五钱、大茴香小茴香各二两、干姜二两。以上和匀磨细，即成美酱，味最佳。

【译】糯米一小斗，用通常的方法做成酒（带酒糟），加入炒盐一斤、淡豆豉半斤、花椒三两、胡椒五钱、大茴香、小茴香各二两、干姜二两。以上和匀磨细，就成为美味的酱了，味道最好。

鲲酱[1]

（虾酱同法）

鱼子去皮、沫，勿见生水，和酒、酱油磨过。入香油打匀，晒、搅，加花椒、茴香晒干成块。加料及盐、酱，抖开再晒方妙。

【译】去掉鱼子的外皮和沫，不要接触生水，和入酒、酱油一起磨过。加入香油调和均匀，再晒，搅拌，加上花椒、茴香晒成干块。然后加上调料和盐、酱，抖散再晒才更好。

腌肉水

腊月腌肉，剩出来盐水，投白矾少许，浮沫俱沉。澄去滓，另器收藏。夏月煮鲜肉，味美堪久。

【译】腊月间腌肉剩出来的盐水中，投进少量白矾，等到浮着的沫子都沉淀下去了，澄清，去掉渣滓，放在另一个容器收藏。夏季用这水煮鲜肉，味道鲜美而且持久。

腌雪

腊雪拌盐贮缸，入夏取水一杓煮鲜肉，不用生水及盐、酱，肉味如暴腌，中边加[2]透，色红可爱，数日不坏。

用制他馔及合酱俱妙。

【译】腊月的雪，拌上盐，贮存在缸里，到夏天，从中取出一杓水煮鲜肉，不用生水和盐、酱，肉的味道如同刚刚

①鲲酱：鱼子酱。鲲，指一种大鱼。《庄子·逍遥游》："北冥有鱼，其名为鲲。"此处指鱼子。《尔雅·释鱼》："鲲，鱼子。"

②加：疑为如。

腌制的一样。中间和边缘如同透明的，颜色红润可爱，许多天都不会坏。

用此水制作其他菜肴以及合酱都很妙。

芥卤

腌芥菜盐卤，煮豆及萝卜丁，晒干，经年可食。

入瓮封固，埋土，三年后化为泉水。疗肺痈、喉鹅[1]。

【译】腌芥菜的盐卤，煮豆子和萝卜丁，晒干。经一年仍可以吃。

装进瓮里牢固封住，埋在土里，三年之后化成泉水。可以治疗肺痈、喉蛾。

笋油

南方制咸笋干，其煮笋原汁与酱油无异，盖换笋而不换汁故。色黑而润，味鲜而厚，胜于酱油，佳品也。山僧受用者多，民间鲜制。

【译】南方制作咸笋干，煮笋的原汁与酱油没有两样，这是仅换笋而不换汁液的原因。此汁颜色黑而润泽，味道鲜美而醇厚，胜过酱油，真是好东西呀。山间僧人享用此汁的较多，民间很少制造。

神醋

（六十五日成）

五月二十一日淘米，每日淘一次，淘至七次，蒸饭熟，

①喉鹅：即“乳蛾”，中医学病名，即扁桃体炎。“鹅”疑为“蛾”之误。

晾冷，入坛，用青夏布扎口，置阴凉处。坛须架起，勿着地。六月六日取出，重量一碗饭，两碗水入坛。每七[①]打一次。打至七次煮滚，入炒米半斤，于坛底装好，泥封。

【译】五月二十一日淘米，每天淘一次。淘到第七次时，蒸成熟饭，晾冷却后装入坛子，用青夏布扎上口，放在阴凉地方。坛子必须架起来，不能着地。六月六日取出，重新量一碗饭、两碗水装入坛子。每七天搅拨一次，搅拨到第七次，煮到滚开，再加入炒米半斤，在坛子底部装好，用泥封死坛口。

神仙醋

六月一日浸米一斗，日淘转三次，六日蒸饭，十二日入瓮。每饭一盏，入水二盏，日淘二次。白露日沥煮。色如朱桔，香味俱佳。封二年后尤妙。

【译】六月一日浸泡一斗米，每天淘洗三次，六日蒸成饭，十二日装入瓮里，凡一杯饭加入两杯水，每天淘两次，到白露那天，过沥去水，用锅煮，颜色像红橘，香、味都很好。封闭二年以后就更妙了。

醋方

老黄米一斗，蒸饭，酒曲一斤四两，打碎，拌入瓮。一斗饭。二斗水。置净处，要不动处，一月可用。

【译】老黄米一斗，蒸成饭。酒曲一斤四两，打碎了，搅拌放入瓮里。一斗饭，二斗水。放在洁净地方，诀窍在于

①每七：疑漏掉一“日”字。

不动它，放一个月即可食用。

大麦醋

大麦仁，蒸一斗，炒一斗，晾冷。用曲末八两拌匀，入坛。煎滚水四十斤注入，夏布盖。日晒，时移向阳。三七日[①]成醋。

【译】大麦仁，蒸一斗、炒一斗，晾冷却。用曲末八两拌均匀，装入坛子。煮滚开水四十斤注进坛子，用夏布盖好。太阳晒，不时移动坛子使坛口朝向太阳。二十一天就成醋了。

神仙醋

午日[②]起，取饭锅底焦皮[③]，捏成团，投筐内悬起。日投一个，至来年午日，搥碎，播净，和水入坛，封好。三七日成醋，色红而味佳。

【译】端午那天起，取饭锅底上的焦皮，捏成团，放入筐里悬挂起来。每天放进一个，一直到来年的端午日，都搥碎，簸干净，和水一起入坛子，封好坛口。二十一天成醋，颜色发红，味道很好。

收醋法

头醋滤清，煎滚入坛。烧红火炭一块投入，加炒小麦一撮，封固，永不败。

【译】头回制造的醋，过滤煮开装入坛子，把烧红的火

---

①三七日：二十一日。

②午日：端午日。

③焦皮：即锅巴。

炭一块投进去，加上炒过的小麦一撮，把坛口封严实，永远不会变质。

甜糟

上白江米二斗，浸半日，淘净，蒸饭，摊冷，入缸。用蒸饭汤一小盆作浆，小曲六块，捣细罗末，拌匀（用南方药末更妙）。中挖一窝，周围按实，用草盖盖上。勿太冷太热。七日可熟。将窝内酒酿撇起，留糟。每米一斗，入盐一碗，桔皮细切，量加，封固。勿使蝇虫飞入。听用。

或用白酒甜糟。每斗入花椒三两、大茴二两、小茴一两、盐二升、香油二斤拌贮。

【译】上等江米二斗，浸泡半天，淘洗干净，蒸成饭，摊开冷却，放进缸里。用蒸饭的汤一小盆做浆，小曲六块，捣碎罗成细末，拌匀（用南方药末更好）。中间挖一个窝，周围按实，用草帘盖上。不要太冷或太热。七天可以发酵成熟。把窝里边的酒酿用杓撇出来，留下酒糟。每用米一斗，加入盐一碗，橘皮细细地切，酌量加入，密封严实，不要让苍蝇飞虫进去，等着使用。

或者用白酒甜糟。每斗加入花椒三两、大茴香二两、小茴香一两、盐二升、香油二斤，搅拌贮存。

制香糟

江米一斗，用神曲[①]十五两、小曲十五两，用引醉酿就。

①神曲：在夏季伏天用青蒿、苍耳、辣蓼三种药材榨出的自然汁，加入杏仁泥、赤小豆粉和白面粉三种物品，经过发酵之后制成的。因为用了六种原料，也叫“六神曲”。

入盐十五两，搅转，入红曲[①]末一斤，花椒、砂仁、陈皮各三钱，小茴一钱，俱为末，和匀，拌入，收坛。

【译】江米一斗，用神曲十五两、小曲十五两，用引酵酿成。加入盐十五两，搅使旋转，再入红曲末一斤，花椒、砂仁、陈皮各三钱，小茴香一钱，全研成末，混和均匀，搅拌后收入坛子里。

糟油

做成甜糟十斤、麻油五斤、上盐二斤八两、花椒一两，拌匀。先将空瓶用稀布[②]扎口，贮甕内，后入糟封固。数月后，空瓶沥满[③]，是名“糟油”。甘美之甚。

【译】做好的甜糟十斤、芝麻油五斤、上等盐二斤八两、花椒一两，搅拌均匀。先把空瓶用细葛布扎上口，放在瓮里，然后装入糟，密封严固。几个月后，空瓶就滴渗满了。这就是“糟油”。甘美得很。

又方（糟油）

白甜酒糟（连酒在内不榨者）五斤、酱油二斤、花椒五钱，入锅烧滚。放冷，滤净。与糟内所淋无异。

【译】白甜酒糟（连酒在内没榨过的）五斤、酱油二斤、花椒五钱，放入锅里烧到滚开。放冷却，过滤干净。这同在糟里所淋出的糟油没有不同。

---

①红曲：用粳米做饭，加上酒曲，密封使其发热而成。色鲜红。

②稀布：疑为“絺（chī）布”。絺，细葛布。

③沥满：指糟油滴渗满。

制芥辣

芥子一合，入盆擂细[1]。用醋一小盏，加水和调，入细绢挤出汁，置水缸凉处。临用，再加酱油、醋调和。甚辣。

【译】芥子一合，放入盆里研成细末。用醋一小杯，加上水与芥子末调匀，再用细绢挤出汁液，将汁液容器放在水缸里凉的地方。到要用时，再加上酱油、醋调和。很辣。

梅酱

三伏[2]取熟梅，捣烂，不见水，不加盐，晒十日。去核及皮，加紫苏，再晒十日，收贮。用时，或入盐，或入糖。梅经伏日晒，不坏。

【译】三伏天时取熟了的梅子，捣烂，不要碰到水，也不要加盐，晒上十天。去掉核和外皮，加上紫苏，再晒十天，收存起来。用的时候，或者加入盐，或者加入糖。梅子经过伏天太阳晒不会变质。

咸梅酱

熟梅一斤，入盐一两，晒七日。去皮核，加紫苏，再晒二七日，收贮。点汤，和冰水，消暑。

【译】熟梅一斤，加入盐一两，晒七天，去皮去核。加

---

①擂细：研磨细。

②三伏：初伏、中伏、末伏的统称。夏至后第三个庚日为初伏第一天，第四个庚日是中伏第一天，立秋后第一个庚日是末伏第一天。初伏、末伏皆十天，中伏十天或二十天。

上紫苏，再晒十四天，收存起来。用沸水冲泡，或是调和冰水，可以消暑。

甜梅酱

熟梅，先去皮，用丝线刻下肉，加白糖拌匀。重汤顿透，晒一七收藏。

【译】熟梅子，先去掉皮，用丝线把梅肉划下来，加上白糖拌匀。用隔水蒸煮的方法炖透了，再晒上七天，收藏起来。

梅卤

腌青梅，卤汁至妙。凡糖制各果，入汁少许，则果不坏而色鲜不退。此丹头[1]也。代醋拌蔬更佳。

【译】腌制的青梅，其卤汁非常美妙。凡是用糖加工制作的各种果实，加入少量卤汁，果实就不再腐坏，而且颜色鲜艳也不退。这就是丹头。代替醋拌蔬菜效果更好。

豆豉

（大黑豆、大黄豆俱可用）

大青豆一斗（浸一宿，煮熟。用面五斤缠衣[2]。摊席上凉干。楮叶[3]盖，发中黄。淘净），苦瓜皮十斤（去内白一层，切作丁。盐腌，榨干），飞盐五斤（或不用）、杏仁四升（约二斤。煮七次，去皮、尖。若京师甜杏仁，泡一次），生姜

①丹头：古代人炼丹时会加入点化丹丸的药物，这种药物由于起到画龙点睛的作用，而叫丹头。

②缠衣：用面粉裹豆。

③楮（chǔ）叶：楮树的叶子。

五斤（刮去皮，切丝。或用一二斤）、花椒半斤（去梗目。或用两许），薄荷、香菜、紫苏叶五两（三味不拘[①]。俱切碎），陈皮半斤或六两（去白，切丝），大茴香、砂仁各四两（或并用小茴四两、甘草六两），白豆蔻一两（或不用），草果十枚（或不用），荜拨[②]、良姜各三钱（或俱不用），官桂[③]五钱，共为末，合瓜、豆拌匀，装坛。用金酒、好酱油对和加入，约八、九分满。包好。数日开看，如淡，加酱油，如咸，加酒。泥封固，晒，伏制秋成，味美。

【译】大青豆一斗（浸泡一天，煮熟，用面五斤，把豆裹起来。摊在席子上晾干。用楮叶盖上，将豆罨黄。淘净），苦瓜皮十斤（除去内白一层，切成丁。用盐腌，榨干水分），飞盐五斤（或不用）、杏仁四升（约二斤，煮七次，去皮和尖。如果是京师的甜杏仁，用水泡一次），生姜五斤（刮去外皮，切成丝。或者用一二斤），花椒半斤（去梗去子，或用一两左右），薄荷、香菜、紫苏叶五两（这三味用量不限，都切碎），陈皮半斤或六两（去里层的白，切成丝），大茴香、砂仁各四两（或并用小茴香四两、甘草六两），白豆蔻一两（或不用）草果十个（或不用），荜拨、良姜各三钱（或者都不用），官桂五钱，都研成末，和苦瓜皮、青豆拌匀，装入坛子。用金酒、好酱油对半调和在一起加进去，八九分满。坛口包

①三味不拘：薄荷、香菜、紫苏叶的用量不受拘束。

②荜拨（bì bō）：多年生藤本植物。中医用果穗入药，性热，味辛，古人也做调料。

③官桂：即“肉桂”。

好。过些天之后打开看看，如果味道淡，加酱油；如果味道咸，就加酒。用泥封结实，放在阳光下晒。三伏天制造，到秋天就做好了，味道很美。

水豆豉

好黄豆十斤，下缸，入金华甜酒十碗，次入盐水（先一日用好盐四十两，入滚汤二十碗化开，澄定用），搅匀。晒四十九日毕，方下大小茴香末各一两，草果、官桂末各五钱，木香末三钱，陈皮丝一两，花椒末一两，干姜丝半斤，杏仁一斤，各料和入缸内，又打又晒三日，装入坛，隔年方好。蘸肉吃更妙。

【译】好黄豆十斤，下到缸里，加入金华甜酒十碗，再加入盐水（先一天用好盐四十两，兑滚开水二十碗化开，澄清之后再用），搅拌均匀，晒到四十九天后。再下大小茴香末各一两，草果、官桂末各五钱，木香末三钱，陈皮丝一两，花椒末一两，干姜丝半斤，杏仁一斤。各种料混放入缸里，又搅拨又晒三天，装进坛子。隔一年才算好了。蘸肉吃就更妙。

酒豆豉

黄豆一斗五升（去面净）、茄五斤、瓜十二斤、姜丝十四两、桔丝不拘、小茴一斤、炒盐四斤六两、青椒一斤，共拌入甕，捺实。倾金华甜酒或酒酿浸，浮二寸许，箬包固，泥封。瓮上记字号。轮四面晒，四十九日满，倾大盆内，晒干为度。晒时以黄草布盖好，勿令蝇入。

【译】黄豆一斗五升（把面去净）、茄子五斤、瓜十二斤、姜丝十四两、橘丝不限多少、小茴香一斤、炒盐四斤六两、青椒一斤，一起搅拌装进瓮里，按结实。再倒入金华甜酒或酒酿浸泡,酒要高出他料二寸左右,用箬竹叶把瓮口包扎结实,用泥封死。瓮上记上字号,转动瓮体使四面都有时间晒到太阳。到四十九天期满，倾倒入大盆里，以晒干为限度。晒的时候用黄草布盖好，不让苍蝇进入。

香豆豉

（制黄子以三月三日、五月五日）

大黄豆一斗，水淘净，浸一宿，滤干。笼蒸熟透，冷一宿，细面拌匀（逐颗散开）。摊箔[①]上（箔离地一二尺），上用楮叶，箔下用蒿草密覆，七日成黄衣[②]。晒干，簸净。加盐二斤，草果（去皮）十个，莳萝[③]二两，小茴、花椒、官桂、砂仁等末各二两，红豆末五钱，陈皮、橙皮（切丝）各五钱，瓜仁不拘，杏仁不拘，杏仁不拘，苏叶（切丝）二两，甘草（去皮切）一两，薄荷叶（切）一两、生姜（临时切丝）二斤，菜瓜（切丁）十斤，以上和匀，于六月六日下，不用水，一日拌三五次，装坛。四面轮，日晒三七日，倾出，晒半干，复入坛。用时，或用油拌，或用酒酿拌，即是湿豆豉。

①箔（bó）：苇子或秫秸编的帘子。

②黄衣：指酱黄。大豆蒸熟后，和上面粉，盖上楮叶，垫上蒿草，在适当温度、湿度之下，曲菌（丝状菌）就在黄豆上繁殖，因为曲菌孢子是黄绿色，所以豆子外表就布满黄绿色，故称“黄衣”。

③莳（shí）萝：一种多年生草本植物，子实含有芳香油，可制香精。也叫“土茴香”。

【译】大黄豆一斗，用水淘净，浸泡一夜，滤干了，再用蒸笼蒸透，冷却一天，用细面拌匀（要逐颗散开拌），摊在帘子上（帘子要离地一二尺），上面用橘叶覆盖，帘下用蒿草摆满，七天就成了黄衣。晒干，簸净。加上二斤盐，草果（去皮）十个，莳萝二两，小茴香、花椒、官桂、砂仁等末各二两，红豆末五钱，陈皮、橙皮（切丝）各五钱，瓜仁不限，杏仁不限，苏叶（切丝）二两，甘草（去皮切丝）一两，薄荷叶（切丝）一两，生姜（临用时切丝）二斤、菜瓜（切丁）十斤，以上和在一处调和均匀，在六月六日下坛，不用水，一天搅拌三五次，装入坛子，四面轮晒，太阳晒上二十一天，倾倒出来，晒成半干，再次入坛子。食用时，或是用油拌，或用酒酿拌，就是湿豆豉。

熟茄豉

茄子用滚水沸过，勿太烂，用板压干，切四开。生甜瓜（他瓜不及）切丁，入少盐晾干。每豆黄[1]一斤，茄对配，瓜丁及香料量加。用好油四两，好陈酒十二两，拌晒透，入坛。晒。妙甚。豆以黑烂淡为佳。

【译】茄子用滚开水焯过，不要太烂，用案板把水分压干，切成四块。生甜瓜（其他瓜不如甜瓜）切成丁，加入少量食盐，晾干。每一斤豆黄，配放同样分量的茄子，瓜丁和香料酌量加一点，用好油四两，好陈酒十二两，搅拌

①豆黄：豆子已罨黄的半成品。

晒透，装入坛子。坛子放在外面晒才好。豆子以黑色、熟烂、味淡的为好。

燥豆豉

大黄豆一斗，水浸一宿。茴香、花椒、官桂、苏叶各二两，甘草五钱，砂仁一两，盐一斤，酱油一碗，同入锅。加水浸豆三寸许。烧滚，停顿，看水少、量加热水。再烧熟烂。取起，沥汤，烈日晒过。仍浸原汁。日晒夜浸，汁尽豆干。坛贮，任用（干后再用烧酒拌润，晒干更妙）。

【译】大黄豆一斗，用水浸泡一夜。茴香、官桂、苏叶各二两，甘草五钱，砂仁一两，盐一斤，酱油一碗，一起下到锅里。加入水，浸泡豆子要高出三寸左右。把水烧开，停一会儿，看着水少，酌量加热水。再烧，直到豆子熟烂。取出沥去汤水，在烈日下晒过后，仍用原汁浸泡。白天暴晒，夜里浸泡到汁没有了，豆子也干了。用坛子贮存，随时使用（豆子干了后用烧酒搅拌使之滋润、再晒干就更好）。

松豆

（陈眉公方[①]）

大白圆豆，五日起，七夕止，日晒夜露（雨则收过）。毕，用太湖沙或海沙入锅炒（先入沙炒热，次入豆），香油熬之[②]。用筛筛去沙，豆松无比，大如龙眼核。或加油盐或

---

①陈眉公方：陈眉公的方子。陈眉公，明朝著名文人陈继儒的号，松江华亭人。

②香油熬之：这句话似应置于“用筛筛去沙”的后面，疑有误。

砂仁酱或糖卤拌俱可。

【译】大白圆豆子，从五日开始，到七月七日为止，白天晒，夜间露天放置（遇雨就收起来）。之后，用太湖沙子或海里的沙子放到锅里炒（先放沙子炒热，再加进豆子）。用香油把炒过的豆子再炸一下。用筛子把沙子筛去，豆子就松脆无比，大如同龙眼核。加上油盐或者砂仁酱或者糖卤拌着食用都可以。

豆腐

干豆，轻磨，拉去皮，簸净。淘，浸，磨浆，用绵绸沥出（用布袋绞揿[①]则粗）。勿揭起皮（取皮则精华去，而腐粗懈），盐卤点就，压干者为上（或用石膏点，食之去火。然不中庖厨制度[②]。北方无盐卤，用酸泔）。

【译】干豆子，轻磨之后脱去皮，簸干净。淘洗，浸泡，磨成浆。用绵绸滤出渣滓（用布袋绞豆浆就粗）。不要揭去豆腐皮（取了皮则精华没有了，而豆腐就会变得粗糙而且不劲道），用盐卤点成，压干水分的为上品（或用石膏点，吃了可以去火，然而不符合烹饪的要求。北方没有盐卤，用酸泔代替）。

建腐乳[③]

如法豆腐，压极干。或绵纸裹，入灰收干。切方块，排

①揿：撳（qìn）的异体字，按的意思。

②不中庖厨制度：不符合烹饪的要求。

③建腐乳：应指福建建宁的腐乳。

列蒸笼内，每格排好，装完，上笼盖。春二三月，秋九十月，架放透风处（浙中[①]制法：入笼，上锅蒸过，乘热置笼于稻草上，周围及顶俱以砻糠[②]埋之。须避风处）。五六日，生白毛。毛色渐变黑或青红色，取出，用纸逐块拭去毛翳[③]，勿触损其皮（浙中法：以指将毛按实腐上，鲜）。每豆一斗，用好酱油三斤，炒盐一斤入酱油内（如无酱油，炒盐五斤），鲜色红曲八两，拣净茴香、花椒、甘草，不拘多少，俱为末，与盐酒搅匀。装腐入罐，酒料加入（浙中腐出笼后，按平白毛，铺在缸盆内。每腐一块，撮盐一撮，于上淋尖为度。每一层腐一层盐。俟盐自化，取出，日晒，夜浸卤内。日晒夜浸，收卤尽为度，加料酒入坛），泥头封好，一月可用。若缺一日，尚有腐气未尽[④]。若封固半年，味透，愈佳。

【译】像做豆腐的方法一样，把做成的豆腐压得非常干。或用绵纸包裹起来，放在灰里收存干燥。切成方块，排列在蒸笼里，每一格排好、装完，上笼盖蒸。春天二三月，秋天九十月，蒸完架放到通风的地方（浙江的制法是：装入蒸笼，上锅蒸过，趁热把蒸笼放在稻草上，周围和顶部用磨出的糠埋上，要放在避风的地方）。在露天里过五六天，就生出白毛，毛色逐渐变黑或青红色，取出来，用纸逐块擦掉上面的毛和

①浙中：指浙江。本书编者为浙江人，所以就用浙江腐乳的制法与福建做比较了。
②砻（lóng）糠：指稻谷经过砻磨脱下的壳。
③毛翳（yì）：即腐乳白胚上生的毛和斑。翳，指斑痕。
④腐气未尽：指豆腐的豆腥味尚未消尽。

斑痕，不要触破它的表皮（浙江做法：用手指把毛按实在腐块上，味道很鲜）。豆子一斗，用好酱油三斤，炒盐一斤加到酱油里（如果没有酱油，可用炒盐五斤），鲜艳的红曲八两，拣干净的茴香、花椒、甘草，不管多少，都研成末，与盐酒调均匀。豆腐块装进罐子里，把酒料加进去（浙江豆腐出笼之后，按平了白毛，铺在缸盆里，每一块豆腐，加一撮盐，在上面洒成尖为限度。每一层豆腐加一层盐。等盐自然溶化，取出来，用太阳晒，夜间浸泡在卤内。日晒夜浸，以卤用尽为限度，加料酒入坛子），用泥把坛口封好，一个月后可以食用。如果缺一天，就还有豆腐的豆腥气味未消。如果封实半年，味道透了，更好。

又一方（建腐乳）

不用酱。每腐十斤，约盐三斤。

【译】不用酱。豆腐每十斤，约用盐三斤。

薰豆腐

得法豆腐压极干，盐腌过，洗净，晒干。涂香油薰之。

【译】制作得法的豆腐，压到非常干，用盐腌过，洗干净，晒干，涂上香油来薰制。

又法（薰豆腐）

豆腐腌、洗、晒后，入好汁汤煮过，薰之。

【译】豆腐腌制后，洗净，晒干，用好的汁汤煮过，再薰制。

凤凰脑子

好腐腌过，洗净，晒干。入酒酿糟糟[①]透，妙甚。

每腐一斤，用盐三两，腌七日一翻，再腌七日，晒干。将酒酿连糟捏碎，一层糟，一层腐，入坛内。越久越好。每二斗米酒酿，糟腐二十斤。腐须定做极干，盐卤沥者[②]。

酒酿用一半糯米，一半粳米，则耐久不酸。

【译】好豆腐腌过，洗净，晒干。加上酒酿，使豆腐糟透，好得很。

每一斤豆腐，用盐三两。腌七天翻一次，再腌七天，晒干。将酒酿连糟捏碎，一层糟，一层豆腐，放入坛子里，越久越好。每二斗米的酒酿，可以糟豆腐二十斤。豆腐必须做得非常干，因为是用盐卤点豆浆做成的。

酒酿用一半糯米、一半粳米，就会耐久而不变酸。

糟乳腐

制就陈乳腐，或味过于咸，取出，另入器内。不用原汁，用酒酿、甜糟层层叠糟，风味又别。

【译】制成的时间久了的腐乳，可能味道会过于咸，取出来，放入另外的器皿里，不用原汁，用酒酿、甜糟一层一层叠糟，风味又不一样了。

---

①糟：使糟，用如动词。

②盐卤沥者：指豆腐是用盐卤点豆浆而制成的。

冻豆腐

严冬，将豆腐用水浸盆内，露一夜。水冰而腐不冻，然腐气已除。味佳。

或不用水浸，听其自冻，竟体[①] 作细蜂窠状。洗净，或入美汁煮，或油炒，随法烹调，风味迥别[②]。

【译】正冷的冬天，把豆腐用水浸泡在盆里，露天放一夜。水成冰了而豆腐不冻，然而豆腐的豆腥味已除掉了，味道好。

或者不用水浸泡，听任其自己冻起来，整个豆腐都成了细蜂窝的样子。洗干净，或者用美味的汤汁煮，或者用油炒，随着不同方法烹调，风味大有区别。

【评】冻豆腐可与白肉、酸菜同炖，为白肉酸菜冻豆腐。是一道地道东北风味的炖菜。

北京宫廷有一道叫作"炉肉黄芽菜冻豆腐"，炉肉是猪五花肉经烤炉烤炙而成，皮色枣红、香味四溢，再经蒸制和其他手法制作，然后切了与黄芽菜、冻豆腐同炖的一道冬季宫廷菜。（佟长有）

腐干

好腐干，用腊酒酿、酱油浸透，取出。入虾子或虾米粉同研匀，做成小方块。砂仁、花椒细末掺上，薰干。熟香油涂上，再薰。收贮。

①竟体：整体、通体。

②迥（jiǒng）别：远远不同。迥，远。

【译】好豆腐干，用腊月的酒酿、酱油浸泡透了，取出。加入虾子或虾米粉，一起研匀，做成小方块。将砂仁、花椒细末掺上，薰制使它变干，熟香油涂上，再薰，收贮起来。

酱油腐干

好豆腐压干，切方块。将水酱一斤（如要赤，内用赤酱少许），用水二斤同煎数滚，以布沥汁；次用水一斤，再煎前酱渣数滚（以酱淡为度），仍布沥汁，去渣。然后合并酱汁。入香蕈、丁香、白芷、大茴香、桧皮各等分。将豆腐同入锅煮数滚，浸半日。其色尚未黑，取起，令干。隔一夜再入汁内煮，数次味佳。

【译】好豆腐压干，切成方块。取水酱一斤（如果要制成红色的，里边可以用少量赤酱），用水二斤一起煎煮几次，使它开锅数次，用布沥去汁液。再用水一斤，再煎煮前述的酱渣子几次（以酱熬浅淡为限度），仍用布沥汁，去掉渣子。然后合并酱汁。加入香蕈、丁香、白芷、大茴香、桧皮各相等分量。把豆腐一起入锅煮几次开锅，再浸泡半天。如果颜色还不够黑，取出来，让它干了，隔一夜再放入汁中煮次，味道好。

豆腐脯

好腐油煎，用布罩密盖，勿令蝇虫入。候臭过[1]，再入滚油内沸，味甚佳。

---

①臭过：疑指将煎过一遍的豆腐块放入臭咸菜卤中浸泡一下。

【译】好豆腐用油煎，再用布罩上盖严密，不让苍蝇虫子进入，等到臭过，再到热油里炸，味道很好。

豆腐汤

先以汁汤入锅，调味得所，烧极滚。然后下腐，则味透而腐活[1]。

【译】先把汁汤下到锅里，调味得当，水烧到极热，然后下豆腐，这样味道透了豆腐又很滑嫩。

煎豆腐

先以虾米（凡诸鲜味物[2]）浸开，饭锅顿过，停冷，入酱油、酒酿得宜。候着锅须热，油须多，熬滚，将腐入锅，腐响热透。然后将虾米并汁味泼下，则腐活而味透，迥然不同。

【译】先把虾米（或者是各种味道鲜美的东西）浸泡开，在饭锅里炖过，放冷，加入酱油、酒酿用量适当。等到锅烧热，油必须多一些，熬得滚烫，把豆腐下锅，到豆腐响了又热透，然后再把虾米和鲜汁以及其他提鲜的调味品一起泼进去。这样，豆腐滑嫩美味入，与通常的完全不同了。

笋豆

鲜笋切细条，同大青豆加盐水煮熟。取出，晒干。天阴炭火烘。再用嫩笋皮煮汤，略加盐，滤净，将豆浸一宿，再晒。日晒夜浸多次，多收笋味为佳。

---

①活：指豆腐很滑嫩，相对于豆腐烧得太老而言。

②凡诸鲜味物：指凡是各种味道鲜美的原料、调料（都可以来烧豆腐）。

【译】鲜笋切成细条，同大青豆加盐水一起煮熟。取出来，晒干。如果天阴就用火烘烤。再用嫩笋皮煮汤，略加一些盐，滤干净，把青豆再浸泡一晚，再晒。这样日晒夜浸多次，让豆子多吸收笋的味道为最佳。

茄豆

生茄切片，晒干，大黑豆、盐、水同煮极熟。加黑砂糖。即取豆汁，调去沙脚，入锅再煮一顿[①]，取起，晒干。

【译】生茄子切成片，晒干，大黑豆、盐、水一起煮到特别熟。加入黑砂糖。即取豆汁，调去沙脚，放入锅里再煮一顿饭的时间，取出来，晒干。

---

①一顿：此处疑有脱误。似指煮到一顿饭的时间。

蔬之属

京师腌白菜

冬菜百斤，用盐四斤，不甚咸。可放到来春。由其天气寒冷，常年用盐，多至七八斤亦不甚咸。朝天宫冉道士菜一斤，止用盐四钱。

南方盐齑菜[1]，每百斤亦止用盐四斤。可到来春。取起，河水洗过，晒半干。入锅烧熟，再晒干。切碎，上笼蒸透。再晒，即为梅菜。

北方黄芽菜醃三日可用。南方醃七日可用。

【译】冬季白菜一百斤，用盐四斤，不太咸，可以放到来年春天食用。由于北方天气冷，常年用盐，多到七八斤，也不是很咸。朝天宫的冉道士的做法是白菜一斤，只用四钱盐。

南方腌细碎的齑菜，每百斤也只用四斤盐。可以放到来年春天食用。取出来，用河水洗过，晒到半干。下到锅里烧熟，再晒干。切碎了，上蒸笼蒸透。再晒干，就是梅菜。

北方黄芽菜腌三天可食用，南方腌七天可食用。

【评】黄芽菜：即大白菜，冬季挖坑约60厘米，高、宽随意尺寸，放入菜，培上马粪，盖严，因热而生出黄芽，即黄芽菜。（佟长有）

---

①齑（jī）菜：细碎的菜。

腌菜法

白菜一百斤，晒干。勿见水。抖去泥，去败叶。先用盐二斤叠入缸。勿动手。醃三四日。就卤内洗。加盐，层层叠入坛内。约用盐三斤。浇以河水，封好。可长久（腊月做）。

【译】白菜一百斤，晒干，不要沾水，去掉泥污坏叶子。先用二斤盐，把白菜一层层放进缸里。不要用手翻动。腌到三四天。就着盐卤在里边洗，加盐，白菜一层层摆放到缸里，大约用盐三斤，浇上河水，封好缸口。可以长期保存（在腊月做）。

又法（腌菜）

冬月白菜，削去根，去败叶，洗净，挂干。每十斤，盐十两。用甘草数根，先放瓮内，将盐撒入菜丫内，排入瓮中。入莳萝少许（椒末亦可），以手按实。再入甘草数根，将菜装满。用石压面。三日后取菜，翻叠别器内（器忌生水）。将原卤浇入。候七日，依前法翻叠，叠实。用新汲水加入。仍用石压。味美而脆。至春间食不尽者，煮晒干，收贮。夏月温水浸过。压去水，香油拌，放饭锅蒸食尤美。

【译】冬天的白菜，削去根子，除去坏叶，洗干净，挂起晾干。每十斤菜用盐十两。用甘草数根，先放入瓮里，把盐撒入菜丫里，排放到瓮里去。加上莳萝少量（花椒末也可以），用手按实。再放进甘草数根，把菜装满，用石头压在上面。三天后取菜，翻过来叠入别的器具中（此器要禁忌生水）。

再把原卤汁浇进去。等到七天，按前述方法翻叠，叠实。用新打来的井水加进去，仍用石头压上。这样，菜就味美而且脆。到春天还吃不完的，煮了晒干收存。夏天吃要用温水浸过，压去水分，用香油拌。放到饭锅里蒸着吃尤为味美。

菜齑

大菘菜[①]（即芥菜）洗净。将菜头十字劈裂。菜菔[②]取紧小者切作两半。俱晒去水脚。薄切小方寸片，入净罐。加椒末、茴香，入盐、酒、醋。擎罐摇播数十次，密盖罐口。置灶上温处。仍日摇播一晌。三日后可供。青白间错，鲜洁可爱。

【译】大菘菜（芥菜），洗净。把菜的头劈成十字的裂口。萝卜取紧实而小的，切成两半。都晒去水迹。切成小方寸的薄片，装入干净罐子。加入花椒末、茴香，再加入盐、酒、醋。拿起罐子摇上几十次，密盖罐子口，放在灶上温暖地方。还要每天摇动一晌午。三天后可供食用。青色白色错落相映，鲜洁可爱。

酱芥

拣好芥菜，择去败叶，洗净，将绳挂背阴处。用手频揉，揉二日后软熟。剥去边菜，止用心。切寸半许。熬油入锅，加醋及酒并少水烧滚，入菜。一焯过，趁热入盆。用椒末、酱油浇拌，急入坛，灌以原汁。用凉水一盆，浸及坛腹。勿

---

①菘（sōng）菜：一般指白菜。

②菜菔：“菜”为“莱”之误。莱菔，即萝卜。紧小者，紧实而小的（萝卜）。

封口。二日方扎口收用。

【译】挑炼好芥菜，择去坏叶，洗干净，用绳穿起挂在背阴地方，用手一次次地揉搓，揉两天之后有些软熟，剥去边缘的菜，只用中心部分，切成一寸半左右。熬油入锅，加入醋、酒和少量的水，烧到滚开，再加菜入锅。刚焯好趁热放入盆里，用花椒末、酱油浇拌，赶紧装入坛子，灌上原汁。用凉水一盆，浸泡到坛子的腹部，不封口，二日后再扎口备用。

醋菜

黄芽菜，去叶，晒软。摊开菜心，更晒内外俱软。用炒盐叠一二日，晾干，入坛。一层菜，一层茴香、椒末，按实。用醋灌满。三四十日可用（醋亦不必甚酽[①]者）。各菜俱可做。

【译】黄芽菜，去掉叶子，晒软。摊开菜心，再晒到里外都软了，加炒盐叠放一二日，晾干，放入坛中。一层菜，一层茴香、花椒末，按实，再用醋灌满。三四十天后可供人食用（醋也不必太浓的）。各种菜都可以这样做。

姜醋白菜

嫩白菜，去边叶，洗净，晒干。止取头刀、二刀，盐腌，入罐。淡醋、香油煎滚，一层菜，一层姜丝，泼一层油醋。封好。

【译】嫩白菜，除去边叶，洗净，晒干。只取头一刀和二刀部分，用盐腌，放入罐子。淡醋和香油煎滚开，一层菜，一层姜丝，泼上一层油醋，封好。

①酽（yàn）：浓，味厚。

覆水辣芥菜

芥菜，只取嫩头细叶长一二寸及丫内小枝，晒十分干。妙盐拏拏[①]透。加椒、茴末拌匀，入瓮，按实。香油浇满罐口(或先以香油拌匀更妙。但嫌累手故耳)，俟油沁下菜面，或再斟酌加油，俟沁透，用箬盖面，竹签十字撑紧。将罐覆盆内，俟油沥下七八(油仍可用)，另用盆水，覆罐口入水一二寸。每日一换水，七日取起。覆罐干处，用纸收水迹。包好，泥封。入夏取出，翠色如生。切细，好醋浇之，鲜辣，醒酒佳品也。冬做夏供，夏做冬供。春做亦可。

【译】芥菜，只取其嫩头细叶长一二寸和丫子里的小枝，晒到十分干。用炒盐揉拿透，加入花椒、茴香末拌均匀，放入瓮里，按实。用香油浇满罐口(或者先用香油拌匀更好，只是嫌这样做累手的缘故)，等到香油沁到菜面上，或者再酌情加油，等到香油沁透了菜，用箬叶盖在上面，用竹签十字形撑紧。将罐子倾覆在盆中，到油沥下十之七八(油仍可用)，另用一盆水，倾覆到罐口进入水里一二寸。每天一换水，七天后取起，把覆罐放在干地方，用纸收干水迹。把罐口包好，再用泥封实。入夏以后取出来，菜色青翠还很新鲜。细切丝，用好醋浇上，味鲜美而辛辣，是解酒的佳品。冬季做，供夏季食用；夏季做，供冬季食用。春季做也可以。

---

①拏(ná)："拏"，通"拿""拏拏"有揉勒之意，也有浸入、吃透之意。

撒拌和菜法

麻油加花椒，熬一二滚，收贮。用时取一碗，入酱油、醋、白糖少许，调和得宜。凡诸菜宜油拌者入少许，绝妙。白菜、豆芽菜、水芹菜俱须滚汤焯熟，入冷汤漂过，摶干[①]入拌。菜色青翠，脆而可口。

【译】芝麻油加上花椒，熬一两个滚开，收存。用的时候取一碗，加入酱油、醋、少量白糖，调和适当了。凡是各种菜适合用香油拌的，加入少量此油，绝好。白菜、豆芽菜、水芹菜都必须用滚开水焯熟，再在冷水里漂过，用手把菜挤干，用此油拌匀。菜色青翠，香脆可口。

细拌芥

十月，采鲜嫩芥菜，细切，入汤一焯即捞起。切生莴苣。熟香油、芝麻、飞盐拌匀入瓮，三五日可吃。入春不变。

【译】十月间，采鲜嫩的芥菜，细细地切开，在滚水里一焯就捞出来。切入生莴苣，用熟香油、芝麻、食盐拌匀放入瓮里，三五天就可以吃了。到春天不变质。

糟菜

腊糟压过头酒未出二酒者，每斤拌盐四两，坛封听用。好白菜洗净，晒干，切二寸许段。止用一二刀，除叶不用。以椒盐细末掺菜上。每段用大叶一二片包裹入坛。每菜二斤，糟一斤。一层菜，一层糟。封好。月余取用。

①摶（tuán）干：用手将菜团起挤干。

或先以糟及菜叠浅盆内。隔日翻腾。待熟，方用叶包，叠糟入坛收贮。亦得法。

【译】腊酒糟，压过头酒还没出二酒的，每斤拌盐四两，用坛子密封备用。好白菜洗干净，晒干，切成二寸左右的段。只用第一、二刀的，除了叶子不用。用椒盐细末掺到菜上。每段菜用大叶一二片包裹送入坛内。白菜二斤用糟一斤。一层菜一层糟，封好。一个多月可食用。

或者先用糟和菜叠放在浅盆里，隔一天就加以翻转。等熟了，才用叶子包好，层叠入坛子收贮。也合规范。

十香菜

苦瓜（去白肉，用青皮，盐腌，晒干，细切）十斤（伏天制），冬菜（去老皮，用心，晒干，切）十斤，生姜（切细丝）五斤。小茴五合（炒），陈皮（切细丝）五钱，花椒二两（炒，去梗目），香菜一把（切碎），制杏仁一升，砂仁一钱，甘草、官桂各三钱（共为末，装袋内），入甜酱酱之。

【译】苦瓜（去掉白肉，用青皮、盐腌，晒干，切细丝）十斤（伏天制作），冬菜（去掉老皮，用心，晒干，切细丝）十斤，生姜（切细丝）五斤，小茴香五合（炒制），陈皮（切细丝）五钱，花椒二两（炒制，去掉梗和子粒），香菜一把（切碎），制杏仁一升，砂仁一钱，甘草、官桂各三钱（一并研为粉末，装入袋内），加入甜酱来酱渍。

水芹

水芹菜肥嫩者，晾去水气，入酱，取出，薰过，妙。

拌肉煮或菜油炒俱佳。

【译】肥嫩的水芹菜，晾掉水气，加入酱，取出来，薰蒸，味道很好。

拌肉煮或菜油炒食都好。

又法（水芹）

滚水焯过，入罐。煎油、醋、酱油泼之。

加芥末妙。

或盐汤焯过，晒干，入茶供亦妙。

【译】水芹菜用滚水焯过，放入罐子。食用时，以煎油、醋、酱油泼在上面。

加上芥末，更好。

或者用盐水焯过，晒干，放入茶里供饮也很好。

油椿

香椿[1]洗净，用酱油、油、醋入锅煮过，连汁贮瓶用。

【译】将香椿洗干净，用酱油、油、醋在锅里煮过以后，连汁液一起装在瓶里备用。

淡椿

椿头肥嫩者，淡盐挐过，薰之。

①香椿（chǔn 春）：楝科落叶乔木香椿树的嫩芽。性味甘平。含胡萝卜素和维生素 B、C 等。有清热解毒、健胃理气等功效。

【译】香椿头芽中肥嫩的，用淡盐渍过，再薰蒸。

附禁忌

赤芥有毒，食之杀人。

三月食陈菹[①]，至夏生热病恶疮。

十月食霜打黄叶（凡诸蔬菜叶），令人面枯无光。

檐滴[②]下菜有毒。

【译】红色的芥菜有毒，吃了会被毒死。

三月间吃久放的酸菜之类，到夏天会引发热病和恶疮。

十月间吃了霜打的黄叶子（各种蔬菜叶子），会使人面色枯黄没有光泽。

檐沟水滴在菜上有毒。

王瓜干

王瓜，去皮劈开，挂煤火上，易干（南方则灶侧及炭炉畔）。

染坊沥过淡灰，晒干，用以包藏生王瓜、茄子，至冬月如生[③]可用。

【译】王瓜，去掉皮，劈开，挂在煤火上烤，容易干（南方则在炉灶旁边和炭炉边上烤）。

染坊里沥过的淡灰，晒干之后，用来包藏生王瓜、茄子，到冬天还很新鲜，可食用。

---

①陈菹（zū）：陈年久放的酸菜之类。

②檐滴：屋檐下横向的槽形排水沟。

③生：新鲜。

酱王瓜

王瓜，南方止用醃菹[①]，一种生气[②]，或有不喜者。唯入甜酱酱过，脆美胜于诸瓜。固当首列《月令》[③]，不愧隆称。

【译】王瓜，在南方只是用作醃制的凉拌菜，还有一种生王瓜的气味，有的人不喜欢。只有用甜酱酱过的，脆美胜过其他瓜种。王瓜当然应当列在《月令》篇中蔬品的首位了，不愧得到这样隆重的称号。

食香瓜

生瓜，切作碁子[④]，每斤盐八钱，加食香[⑤]同拌，入缸醃一二日取出，控干。复入卤。夜浸日晒，凡三次。勿太干。装罈听用。

【译】生瓜，切成棋子状的小块，每斤放盐八钱，加入食香一起拌匀，放到缸里腌一两天取出来，控干水，再加入卤汁，夜间浸泡日间晒，这样做三次，也不必太干，装进坛子备用。

---

①止用醃菹：指盐的凉拌黄瓜。

②生气：生黄瓜的气味。

③固当首列《月令》：（王瓜）本就应列在《月令》篇中各种蔬品的前面。《礼记·月令》："孟夏之月，……蝼蝈鸣，蚯蚓出，王瓜生，苦菜秀。"蝼蝈：蛙；苦菜：一种野菜，又名荼。

④碁子：棋子大的块。"碁"为"棋"的异体字。

⑤食香：疑为石香菜，是河南人比较熟悉的一种调味菜。有地方叫麝香菜，真正的学名应叫留兰香，是薄荷的一种。

上党[1]甜酱瓜

好面，用滚水和大块，蒸熟。切薄片。上下草盖，一二七发黄。日晒夜收，干了，磨细面听用。

大瓜三十斤，去瓤，用盐一百二十两，腌二三日，取出，晒去水气，将盐汁亦晒日许，佳。拌面入大罈。一层瓜，一层面，纸箬密封，烈日转晒，从伏天至九月。计已熟，将好茄三十斤，盐三十两，腌三日。开罈，将瓜取出，入茄罈底，压瓜于上，封好。食瓜将尽，茄已透。再用腌姜量入。

【译】用好面，加滚水和成大块，蒸熟了，切成薄片，上下都用草垫盖，七天到十四天面片就出现黄衣了。白天晒夜间收起，干了，磨成细面备用。

用大瓜三十斤，去掉内瓤，用盐一百二十两，腌上两三天，取出来，晒干水汽，把盐汁也晒一天，最好。把瓜和面拌在一起放入大坛子，一层瓜，一层面，用箬叶和纸密封上，在烈日下转动暴晒，从三伏天一直晒到九月。估计快熟了，将好茄子三十斤，盐三十两，一起腌三天。打开坛子，把瓜取出来，把茄子放在坛子底部，再把瓜放茄子上边，再封好。瓜快吃完了，茄子也已经腌透了，再把姜估计好分量腌进去。

【评】酱瓜：北京人也有吃酱瓜的习俗。酱瓜甜咸适口，除做喝粥的咸菜外还可做成满族小菜。酱瓜儿以北京六必居为最佳。甜酱瓜有两种，一种叫白瓜，一种叫黑瓜。白瓜又名七

③上党：地名，在山西东南部。

寸白或稍瓜；黑瓜也叫山瓜或花皮瓜。酱瓜用小暑节气以后的头花瓜和二花瓜最好，因其肉厚而肥嫩。三花瓜不宜酱制，因其肉薄皮厚，并且花瓤有酸味。

北京炒酱瓜儿是一道流传多年的北京小菜。北京人的老传统为每年春节期间都要吃炒酱瓜丁，除了吃素的，也可同猪肉丁、鸡丁、山鸡丝同炒，菜名为酱瓜鸡丁、酱瓜肉丁、酱瓜丝炒山鸡丝等。（佟长有）

酱瓜茄

先以酱黄铺缸底一层，次以鲜瓜茄铺一层，加盐一层，又下酱黄，层层间叠。五七宿，烈日晒好，入罈。欲作干瓜，取出晒之（不用盐水）。

【译】先用黄酱在缸底部铺一层，然后把鲜瓜和茄子铺一层，加入盐一层。又铺一层黄酱，这样一层层间隔叠放，腌上五天到七天，在烈日下晒好，装入罐子。如果想做干瓜，就取出来晾晒（不用盐水）。

瓜齑

生菜瓜，每斤随瓣切开，去瓤，入百沸汤焯过，用盐五两擦、腌过。豆豉末半斤，酽醋半斤，面酱斤半，马芹、川椒、干姜、陈皮、甘草、茴香各半两，芜荑二两，共为细末，同瓜一处拌匀，入瓮，按实。冷处顿放。半月后熟，瓜色明透如琥珀，味甚香美。

【译】生菜瓜，每斤切开成瓣，去掉瓤，在开水里焯过，用五两盐揉擦，腌上。再用豆豉末半斤。浓醋半斤，面酱半斤，马芹、川椒、干姜、陈皮、甘草、茴香各半两、芫荽二两，一并研成细末，同瓜在一起拌匀，放入瓮里，按实。在凉地方存放。半个月之后成熟，瓜的颜色就像琥珀一样明亮剔透，味道很香很美。

附禁忌

凡瓜两鼻两蒂食之杀人。[①]

食瓜过伤，即用瓜皮煎汤解之。

【译】凡是瓜类，有两个突出来的"鼻"和有两个根蒂的，有毒，吃了可致人死亡。

过量吃瓜会伤人，可以用瓜皮煎汤来解救。

伏姜

伏月，姜腌过，去卤，加椒末、紫苏、杏仁、酱油拌匀，晒干入坛。

【译】三伏时候，腌过的姜，去掉卤汁，加入花椒末、紫苏、杏仁、酱油拌匀，晒干了，装入坛子。

糖姜

嫩姜一斤，汤煮，去辣味过半。砂糖四两，煮六分干，再换糖四两。如嫌味辣，再换糖煮一次（或只煮一次，以后蒸顿皆可），略加梅卤妙。

---

①此条在唐代段成式《酉阳杂俎·广知》中有记载。

剩下糖汁可别用。

【译】嫩姜一斤，用开水煮，可去掉大半的辣味。再用砂糖四两，煮到六分干，再放糖四两。如果嫌味太辣，再放糖煮一次（或者只煮一次，以后蒸着炖着都可以），略加一些梅子卤更好。

剩下的糖汁可以另外做别的用途。

五美姜

嫩姜一斤，切片，白梅半斤（打碎去核仁），炒盐二两，拌匀，晒三日。次入甘松一钱、甘草五钱、檀香末二钱拌匀，晒三日，收贮。

【译】嫩姜一斤，切成片，白梅半斤（打碎去核仁），炒盐二两，拌匀，晒三天。然后加入甘松一钱、甘草五钱、檀香末二钱，拌均匀，晒三天，收存起来。

糟姜

姜一斤，不见水，不损皮，用干布擦去泥，秋社日[①]前晒半干，一斤糟，五两盐，急拌匀，装坛。

【译】姜一斤，不要接触水，不要损伤外皮，用干布擦去泥污。立秋后的五六天前晒成半干，再用一斤糟、五两盐，急速拌匀，装入坛子。

---

①秋社日：即“秋社”。古代秋季祭祀土神的日子，一般在立秋后第一个戊日。

又急就法[1]（糟姜）

社前[2]嫩姜，不论多少，擦净，用酒和糟、盐拌匀，入坛。上加砂糖一块，箬叶包口，泥封。七日可用。

【译】立秋的五六天前的嫩姜，不论多少，擦干净，用酒和酒糟、盐一起拌均匀，装入坛子。姜上面加上一块砂糖，用箬叶包上坛口，泥封。七日即可食用。

法制伏姜

姜不宜日晒，恐多筋丝。加汁浸后晒，则不妨。

姜四斤，剖去皮，洗净，晾干，贮磁盆。入白糖一斤、酱油二斤、官桂、大茴、陈皮、紫苏各二两，细切，拌匀。初伏晒起、至末伏止收贮。晒时用稀红纱罩，勿入蝇子。此姜神妙，能治百病。

【译】姜不适于太阳晒，恐怕会造成筋丝过多。加入汁液浸泡再晒，就不碍事了。

姜四斤，剖去外皮，洗干净，晾干，放入瓷盆里。加入白糖一斤，酱油二斤，官桂、大茴香、陈皮、紫苏各二两，细细切好，拌均匀。从初伏开始日晒，到末伏为止收贮起来。晒的时候用稀红纱罩上，不要让苍蝇进去。此种姜很神妙，能治各种病。

---

①又急就法：“糟姜”的又一种速制方法。

②社前：指秋社以前。

法制姜煎

盐水（沸汤八升，入盐三斤，打匀，隔宿去脚），梅水（白梅半斤，搥碎，入少水和浸），二水和合顿，贮。逐日采牵牛花，去白蒂，投入，候水色深浓，去花。嫩姜十斤（勿见水，拭去红衣[1]，切片）、白盐五两、白矾五两、沸汤五碗，化开，澄清，浸姜。置日影边微晒二日，捞出晾干。再入盐少许拌匀。入前盐梅水内，烈日晒干，候姜上白盐凝燥为度。入器收贮。

【译】盐水（滚沸水八升，加入盐三斤，击打均匀，隔日去掉渣泥），梅水（白梅半斤，搥碎，加入少量的水浸泡），两种水合起来炖，然后贮存。第二天去采牵牛花，去掉白蒂，投进去，等到水的颜色较深较浓了，再捞去花。嫩姜十斤（不要见水，擦去姜外皮的红衣，切成片）、白盐五两、白矾五两，沸水五碗，把盐、矾化开，澄清以后，用来浸泡姜。放在日影旁边稍微晒上两天，捞出来晾干。再放少量的盐拌匀。放入之前的盐梅水里边，在烈日下暴晒干，等到姜上面白盐凝结干燥为止，放到容器收存。

醋姜

嫩姜，盐腌一宿。取卤同米醋煮数沸，候冷，入姜，量加砂糖，封贮。

【译】嫩姜，用盐腌一宿。取出卤和米醋煮几开，等候冷却，加入姜，适量加入砂糖，封紧罐子口保存好。

---

①红衣：姜之外皮。

糟姜

嫩姜（晴天收，阴干四五天，勿见水），用布拭去皮。每斤用盐一两、糟三斤，腌七日，取出，拭净。另用盐二两、糟五斤拌匀，入别瓮。先以核桃二枚搥碎，置罐底，则姜不辣。次入姜、糟，以少熟栗末掺上，则姜无渣。封固，收贮。如要色红，入牵牛花拌糟。

【译】嫩姜（晴天收用，阴干四五天，不要见水），用布擦去皮。每斤用盐一两、糟三斤，腌七天，取出来，擦干净。另外用盐二两、糟五斤拌匀，装入别的瓮。先把两个核桃搥碎了，放在罐子底部，这样姜就不辣。然后再放进姜和糟，用少量熟栗末来掺进去，姜就会没有渣。封闭结实收存。如果想要颜色红的，加入牵牛花拌糟即可。

附禁忌

娠妇[1]食干姜，胎内消。

【译】孕妇吃干姜，胎内会有消损。

熟酱茄

霜后茄，蒸过，压干，入酱油浸，十日可用。

【译】霜降后的茄子，蒸过，压干，加入酱油浸泡，十天即可食用。

糟茄[2]

诀曰：五糟（五斤也）六茄（六斤也）盐十七（十七两），

---

①娠妇：孕妇。

②糟茄：此菜元明之际已流行。《便民图纂》等书已见记载。

一碗河水（水四两）甜如蜜，做来如法收藏好，吃到明年七月七（二日即可供）。霜天小茄肥嫩者，去蒂萼，勿见水，用布拭净，入磁盆，如法拌匀。虽用手，不许揉挲。三日后，茄作绿色，入坛。原糟水浇满，封半月可用。色翠绿，内如黄蚋色[①]，佳味也。

【译】口诀说：五糟（五斤酒糟）六茄（六斤茄子）酒糟盐十七（十七两）、一碗河水（水四两）甜如蜜，这样做完收藏好，吃到明年七月七（二日即可供食）。下霜天把嫩的小茄子，去掉根蒂花萼，不要见水，用布擦干净，装入瓷盆，依前法拌匀，虽然用手但不许揉搓。三天后，茄子成绿色，装入坛子。用原来的糟水浇满，封闭半个月可以食用。颜色翠绿，里面像黄蚋的颜色，味道好。

又方（糟茄）

中样晚茄，水浸一宿，每斤盐四两，糟一斤。

【译】中等大小的晚熟茄子，水浸泡一夜，每斤茄子用盐四两、糟一斤。

蝙蝠茄

（味甜）

霜天小嫩黑茄，用笼蒸一炷香，取出，压干。入酱一日，取出，晾去水气，油炸过，白糖、椒末层叠装罐，原油灌满。油炸后，以梅油拌润更妙（梅油即梅卤）。

①黄蚋（rùi）色：像黄蚋一样的颜色。蚋，一种昆虫，体形似蝇，褐色或黑色。

【译】下霜时节的小嫩黑茄子，用蒸笼蒸上一炷香的时间，取出来，压干。放入酱里一天，取出后晾去水气，用油炸一遍，白糖、花椒末与茄子层层叠叠地装进罐子里，再用原来炸茄子的油灌满。油炸以后，用梅油拌得光润味道更妙（梅油即是梅子卤）。

茄干

去皮生晒易霉。挂煤炭火傍，俟干，妙。

【译】茄子去皮生生晒容易发霉。挂在煤炭炉火旁边等候干燥，最好。

梅糖茄

蒸过，压干。切小象眼块。白糖重叠入罐，梅卤灌满。

【译】把茄子蒸过，压干，切成小象眼大小的块。与白糖层叠码入罐中，再用梅卤灌满。

香茄

嫩茄，切三角块，滚汤焯过，稀布包，榨干。盐腌一宿，晒干。姜、桔、紫苏丝拌匀，滚糖醋泼。晒干，收贮。

【译】嫩茄子，切成三角块，用滚水焯过，拿细布包起来，榨干。用盐腌一夜，晒干。再用姜、橘、紫苏丝拌匀，用烧滚的糖醋泼上去。然后晒干，收贮。

山药

不见水，蒸烂，用筯搅如糊。或有不烂者，去之。或加糖，或略加好汁汤者为上。其次同肉煮。若切片或条子配入羹汤者，最下下庖[①]也。

【译】山药不可沾水，蒸烂，用筷子搅成糊状。如果有不烂的，去掉。加上糖或者稍加一些好汤汁的为最好。其次可以与肉同煮。如果切成片或条子，配合加入羹汤里的，就是最差最差的烹制山药的方法了。

煮冬瓜

老冬瓜切块，用肉汁煮，久久内外俱透，色如琥珀，味方美妙。汁多而味浓，方得如此。

【译】老冬瓜，切成块，用肉汁煮，时间长了里外都煮透了，颜色如琥珀，味道才好。汁液多而味道浓厚，能到这个程度才算好。

煨冬瓜

老冬瓜，切下顶盖半尺许，去瓤，治净。好猪肉或鸡鸭或羊肉，用好酒、酱油、香料、美味调和，贮满瓜腹。竹签三四根，仍将瓜盖签好。竖放灰堆内，用砻糠铺底及四围，窝到瓜腰以上。取灶内灰火，周围培筑，埋及瓜顶以上，煨一周时，闻香取出。切去瓜皮，层层切下供食。内馔外瓜，皆美味也。

【译】用老冬瓜，切下距顶盖半尺左右的部分，去掉瓤，整治干净。好猪肉或鸡鸭或羊肉，用好酒、酱油、香料等美

①最下下庖：最差最差的烹调手段。庖，厨师，此引申作动词用，烹调手段。

味调和，装满瓜的肚腹。用竹签三四根，把瓜盖签好，把瓜竖着放入灰堆里，用磨糠铺在底部及四围、一直到瓜的半腰以上，取灶里的灰火，在周围培筑埋到瓜顶以上，这样煨烤一个整时辰，闻到香味了取出来，切去瓜皮，一层层切下来供食用，里面是肉菜外面是瓜，都是美味。

【评】北京人吃冬瓜也极其讲究，如什锦冬瓜盅、火茸扒冬瓜、琥珀冬瓜、冬瓜汆丸子等菜品。尤其冬季清蒸炉肉，配料冬瓜口感和口味都属上佳。煨，应是原料经炸、煎、煸、炒或水煮，加葱、姜、料酒等调料和汤汁，用旺火烧开，再改用小火长时间制熟的烹调方法。荤菜中有“煨牛尾”，素菜中有“煨冬笋”等。（佟长有）

酱麻菇

麻菇，择肥白者洗净，蒸熟。酒酿、酱油泡，醉美。

【译】麻菇，选择又肥大又白的洗干净，蒸熟了。用酒酿、酱油浸泡，味道醉人而美妙。

醉香蕈①

拣净，水泡、熬油锅炒熟。其原泡出水澄去滓，乃烹入锅，收干取起。停冷，用冷浓茶洗去油气，沥干。入好酒酿、酱油醉之，半日味透。素馔中妙品也。

【译】把香蕈拣净，用水浸泡，用锅熬油炒熟。原泡的水澄清去渣滓，也烹入锅中，收干水分起锅。待冷却，用冷

①香蕈（xùn）：香蕈又叫香菇，寄生于栗、槲等树上的真菌，具有很高的食用价值。

浓茶洗去其油气味，沥干，用好酒酿、酱油来醉香蕈，半天使美味穿透了。这是素菜中的妙品。

笋干

诸咸淡干笋，或须泡煮，或否。总以酒酿糟糟之，味佳。

硬笋干，用豆腐浆泡之易软，多泡为主。

【译】各种咸的淡的干笋，或者必须泡和煮，或者不必。总之用酒酿糟来糟制，味道最好。

硬笋干，用豆腐浆泡容易变软，以多泡为主。

笋粉

鲜笋老头不堪食者，切去其尖嫩者供馔。其差老白而味鲜者，看天气晴明，用药刀如切极薄饮片，置净筛内，晒干（至晚不甚干，炭火微薰。柴火有烟不用），干极，磨粉，罗过收贮。或调汤或顿蛋腐或拌臊子细肉①，加入一撮，供于无笋时，何其妙也。

【译】鲜笋老的部分不能吃的，切掉它。尖嫩的部分供做菜肴使用。把不太老、颜色白、新鲜的笋在天气晴朗时，用药刀切成像极薄的饮片那样的片，放在干净筛子里，晒干（到晚上还不很干，可以用炭火稍加薰烤。柴火有烟不能用）。到干极了，磨成粉，过箩收贮。或者吊汤，或者炖蛋羹，或者拌臊子肉，加上一撮笋粉，在没有鲜笋可供使用的时候，是多么妙啊。

---

①顿蛋腐：炖蛋，或称蒸蛋羹。臊子细肉：肉馅。臊子，肉末或肉丁。

木耳

洗净，冷水泡一日夜。过水，煮滚。仍浸冷水内，连泡四五次，渐肥厚而松嫩。用酒酿、酱油拌腌醉为上。

【译】洗干净，凉水浸泡一日夜。过水，煮滚开后还泡在凉水里，连着热水煮冷水泡上四五次，木耳就逐渐肥厚而且松嫩了。用酒酿、酱油拌腌醉好为最好。

【评】木耳是优质天然补血食品，是人体的清道夫，常吃木耳不但减肥而且可防便秘，预防心血管疾病。木耳做菜、做汤是绝好的天然食材。但提醒各位的是，发制木耳以冷水为最佳，不但出成率高而且口感爽脆、增加食欲、保证营养。离不开木耳的菜肴很多，如炒木樨肉、打卤面的“打卤”，酸辣汤的配料等。（佟长有）

香蕈粉

整朵入馔。其碎屑拣净，或晒或烘，磨，罗细粉。与笋粉、虾米粉同用。

【译】整朵入菜肴。把香蕈碎屑拣干净，或者晒干或者烘烤干，磨一下，过箩为细粉。与笋粉、虾米粉一样食用。

薰蕈

南香蕈肥大者，洗净，晾干。入酱油浸半日。取出搁稍干，掺茴椒细末，柏枝薰。

【译】肥大的南香蕈，洗净，晾干。加入酱油浸泡半天，取出来搁置一处使稍干些，掺入茴香花椒细末，再用柏树枝来薰烤。

薰笋

鲜笋，肉汤煮熟，炭火薰干，味淡而厚。

【译】鲜笋，用肉汤煮熟，炭火薰烤干了，味道淡而厚重。

生笋干

鲜笋，去老头，两劈，大者四劈，切二寸段。盐揉过，晒干。每十五斤成一斤。

【译】鲜笋，去掉老的一头，劈成二半，大的劈成四半，切成二寸长的段，用盐揉过，晒干。每十五斤鲜笋可以做成一斤笋干。

淡生脯

用水焯过，晒干。不用盐（盐汤焯即盐笋矣）。

【译】鲜笋用水焯过，晒干。不用盐（用盐水焯就是盐笋了）。

素火腿

干者洗净，笼蒸。不可煮，煮则无味。

糟食更佳。

【译】干笋洗净，上笼蒸。不可以煮，煮就没味了。

糟了吃更好。

笋鲊

早春笋，剥净，去老头，切作寸许长，四分阔，上笼蒸熟。

入椒盐、香料拌晒极干（天阴炭火烘），入坛，量浇熟香油封好久用。

【译】早春的笋，剥治干净，去掉老头，切成一寸左右长、四分宽的片，上笼蒸熟，加入椒盐、香料搅拌，晒到非常干（天阴可用炭火烘烤），装入坛子，酌量浇上熟香油，封好，可以长久食用。

盐莴笋

莴笋，盐腌，揉过，晒将干，用茴香、花椒擦之，盘入罐，封口。用时以白酒泡之，味美而脆。

【译】莴笋，用盐腌，揉过之后晒到快干时，用茴香、花椒擦过，盘放进罐子里，封上口。用的时候以白酒浸泡一下，味美而脆。

糟笋

冬笋，勿去皮，勿见水，布擦净毛及土（或用刷牙细刷）。用箸搠[①]笋内嫩节，令透。入腊香糟于内，再以糟团笋外，如糟鹅蛋法。大头向上，入坛，封口，泥头。入夏用之。

【译】冬笋，不要去皮，不要见水，用布擦净上面的毛和土（或者用刷牙的细刷）。用筷子刺入笋内的嫩节，要刺透，把腊月制的香糟送到里边去，再用糟团糊在笋外面，像糟鹅蛋的方法。笋的大头向上，装进坛子，封上口，用泥糊死。入夏食用。

---

①搠：刺，扎。

醉萝卜

冬细茎萝卜实心者，切作四条。线穿起，晒七八干。每斤用盐二两醃透（盐多为妙），再晒九分干，入瓶捺实，八分满。滴烧酒浇入，勿封口。数日后，卜气发臭，臭过，卜作杏黄色，甜美异常（火酒最拔盐味，盐少则一味甜，须斟酌）。臭过，用绵缕包老香糟塞瓶上更妙。

【译】冬季选择细茎的、实心的萝卜，切成四条，用线穿起，晒到七八成干。每斤用二两盐腌透（盐多一些为好），再晒到九成干，装入瓶里按实，装八分满。把烧酒浇入瓶里，不必封口。几天以后，萝卜发出臭味，臭味过后，萝卜成杏黄色，甜美异常（火酒最能拔盐味，盐放少了就会特别甜，必须斟酌），臭过之后，用绵花缕条包上老香糟塞到瓶上更好。

糟萝卜

好萝卜，不见水，擦净。每个截作两段。每斤用盐三两腌过，晒干。糟一斤，加盐拌过，次入萝卜，又拌入瓶（此方非暴吃者[①]）。

【译】好萝卜，不要见水，擦干净。每个萝卜裁成两段。每斤用盐三两腌过，晒干。酒糟一斤，加盐拌过，然后加进萝卜，再搅拌入瓶（此方法不是立即就能吃的）。

---

①此方非暴吃者：这个方法制作的糟萝卜不是马上可以吃的。

香萝卜

萝卜切骰子[①]块，盐腌一宿，晒干。姜、桔、椒、茴末拌匀。将好醋煎滚，浇拌入磁盆。晒干，收贮。

每卜十斤，盐八两。

【译】把萝卜切成骰子块，用盐腌一晚，晒干。姜、橘、椒、茴末拌匀，把好醋烧开，浇在萝卜与各调味料上拌匀，放入瓷盆。再晒干，收存。

每十斤萝卜，用盐八两。

种麻菇法

净麻菇、柳蛀屑等分，研匀。糯米粉蒸烹，捣和为丸，如豆子大。种背阴湿地，席盖，三日即生。

【译】干净麻菇、柳木蛀虫屑各一半，研匀。将糯米粉蒸熟，捣和做成丸，如豆子大。一起种在背阴湿地里，盖上席子。三天就可以生出来。

又法（种麻菇）

榆、柳、桑、楮、槐五木作片，埋土中，浇以米泔，数日即生长二三寸色白柔脆如未开玉簪花，名“鸡腿菇”。

一种状如羊肚，里黑色，蜂窝，更佳。

【译】用榆、柳、桑、楮、槐五种木头做成木片，埋在土里，浇上米泔水，数日后就生出二三寸白色柔脆好像未开放的玉簪花，名叫“鸡腿菇”。

①骰（tóu）子：即色子。为骨制的小正方形体，为赌博时投掷的工具。

一种形状似羊肚，里面是黑色的像蜂窝，更好吃。

竹菇

竹根所出，更鲜美。熟食无不宜者。

【译】竹根所种出的菇，更鲜美，做熟了吃，所有人都合适。

种木菌

朽桑木、樟木、楠木，截成尺许。腊月扫烂叶，择阴肥地，和木埋入深畦，如种菜法。入春，用米泔不时浇灌，菌出，逐日灌三次，渐大如拳。取供食。木上生者不伤人。

柳菌亦可食。

【译】腐朽的桑木、樟木、楠木，截成一尺左右的木段。腊月间扫来烂树叶，择背阴肥沃的地，树叶与木段一起埋入深畦，像种菜的方法。入春以后，用米泔水不时地浇灌，菌苗出来后，每天浇灌三次，菌长成拳头大。取来食用。木头上生的菌不伤人。

柳木菌也可以吃。

下卷

多芳谱

凡诸花及苗及叶及根诸野菜，佳品甚繁。採须洁净，去枯，去蛀，去虫丝，勿误食。制须得法，或煮，或烹，或燔[1]，或炙，或腌，或炸，不一法。

凡食野芳，先办汁料。每醋一大钟，入甘草末三分、白糖一钱、熟香油半盏和成，作拌菜料头（以上甜酸之味）。或捣姜汁加入，或用芥辣（以上辣爽之味）。或好酱油、酒酿，或一味糟油（以上中和之味）。或宜椒末，或宜砂仁（以上开豁之味）。或用油煤（松脆之味）。

凡花菜采得，洗净，滚汤一焯即起，急入冷水漂片刻。取起，挤干拌供，则色青翠不变，质脆嫩不烂，风味自佳（萱苗[2]、莺粟苗[3]多如此）。家菜亦有宜此法。他若炙煿作齑，不在此制。

【译】野菜的花、苗、叶、茎其中味美质佳的还是很多。采的时候要注意洁净，去掉枯黄的，除掉虫蛀的，去虫子织的丝，不要误食。制作也要方法得当，或者煮，或者烹，或者烤，或者烧，或者腌，或者炸，方法都不一样。

凡是要吃野菜香味，先准备好汁料。每一大盅醋，加入甘草末三分、白糖一钱、熟香油半杯，混合一起，作为拌菜

---

①燔（fán）：烤。

②萱苗：即金针菜。

③莺粟苗：即罂粟苗。“莺”为“罂”之误。

的料头（以上是酸甜味道的拌料）。或者捣成姜汁加入，或者用芥辣（以上是辣味的拌料）。或者用好酱油、酒酿，或者用以糟汁、盐，味精调和而成的糟油（以上是咸香口味的拌料）。或者用花椒末或砂仁（以上是通透顺气、味麻的拌料）。或者用油炸（松脆口味）。

花菜采来之后先洗干净，然后用滚汤一焯就起出来，紧接着立即放入冷水里漂洗一会儿。取出后挤干水分就可以拌着吃了，经水一焯就出锅的野菜颜色青翠不变，品质脆嫩而不烂，风味自是上上佳品（金针菜、罂粟苗大多这样）。家种的菜有的也适合用这个办法。

如果是要做烧烤的酱料，就不能用这种方法了。

果之属

青脆梅

青梅（必须小满[1]前采。槌碎核，用尖竹快[2]拨去仁。不许手犯[3]，打拌亦然。此最要诀。一法，矾水浸一宿，取出晒干。着盐少许瓶底，封固，倒干）去仁，摊筛内，令略干。每梅三斤十二两，用生甘草末四两、盐一斤（炒，待冷）、生姜一斤四两（不见水，捣细末）、青椒三两（旋摘，晾干）、红干椒半两（拣净）一齐抄拌。仍用木匙抄入小瓶（止可藏十余盏汤料者）。先留些盐掺面，用双层油纸加绵纸紧扎瓶口。

【译】青梅（必须小满以前采集。采好后用木槌砸开梅核，用尖竹筷子去仁，不要用手碰，击打搅拌的手法也是如此，这是最重要的诀窍。另一方法是把青梅用矾水浸泡一宿，然后取出来晒干。浸泡时要放少量的盐在瓶底部，瓶口密封牢固，倒掉多余水分）去掉仁，摊在筛子里，令其稍稍风干一些。每份用青梅三斤十二两，用生甘草末四两、盐一斤（翻炒，冷却）、生姜一斤四两（不要见水，捣成细末）、青椒三两（现用现摘，洗净后晾干）、红干椒半两（要拣净），一起搅拌。用木匙投进大小可盛十来杯汤料的小瓶里（储藏

①小满：二十四节气之一。在五月二十、二十一或二十二日。

②快：疑为筷。

③手犯：手碰。

十多杯汤料的）。先在梅干上抹点盐，最后用双层油纸加上绵纸紧扎瓶口。

白梅

极生大青梅，入瓷钵，撒盐，用手擎钵播之（不可手犯）。日三播，腌透，取起，晒之。候干，上饭锅蒸过，再晒，是为白梅。若一蒸后用槌捶碎核，如一小饼，将鲜紫苏叶包好，再蒸再晒，入瓶，一层白糖一层梅，上再加紫苏叶（梅卤内浸过，蒸晒过者），再加白糖填满，封固，连瓶入饭锅再蒸数次，名曰苏包梅。

【译】将非常生的大青梅，装入瓷瓶里，撒上盐用手拿着瓶子摇动（不要用手碰到青梅）。一天三摇，一直等腌透了再取出晾晒。等到梅子晒干，再上饭锅蒸，然后再晒，这就叫白梅。第一次蒸过以后，用槌子槌碎它的核，槌成像一个小饼的样子接着再用紫苏叶包好，再蒸再晒，最后一层白糖一层梅装到瓶里，上面再加些紫苏叶（用卤梅的汤汁浸泡过、蒸晒过的），再加白糖把瓶填满，把瓶口封结实，连瓶子放入饭锅再蒸数次，这叫作“苏包梅”。

黄梅

肥大黄梅，蒸熟，去核，净肉一斤，炒盐三钱，干姜末一钱，半鲜紫苏叶（晒干）二两，甘草、檀香末随意，共拌入磁器，晒熟收贮。加糖点汤，夏月调冰水服更妙。

【译】肥大的黄梅，蒸熟去掉核，净肉一斤，用炒盐三钱，干姜末一钱，半鲜的紫苏叶（晒干）二两，甘草、檀香末随便多少，一起搅拌装入磁器，晒熟了收贮。加上糖用沸水冲泡，夏天调和冰水服用更妙。

乌梅

乌梅去仁，连核一斤、甘草四两、炒盐一两，水煎成膏。

又白糖二斤、大乌梅肉五两（用汤蒸，去涩水），桂末少许，生姜、甘草量加，捣烂入汤。

【译】乌梅去掉仁，连核一斤、甘草四两、炒盐一两，用水煎煮成膏。

又：白糖二斤、大乌梅肉五两（用水蒸，去掉涩水），桂末少量，生姜、甘草适量加入，一起捣烂加进汤里。

【评】乌梅膏能促进消化、增进食欲、止痛，特别是对萎缩性胃炎，并可缓解胃酸和慢性消化不良等症状。

北京信远斋的酸梅汤，主料就是乌梅。北京另一道宫廷酸梅汤，是难得的珍品秘制。由乌梅、山楂片、青梅、陈皮、甘草、胖大海、片糖等原料精心熬制。酸甜适口、后味无穷。（佟长有）

藏橄榄法

用大锡瓶口可容手出入者乃佳。将青果拣不伤损者，轻轻放入瓶底（乱投入仍要伤损），用磁盃仰盖瓶上，盃内贮清水八分满，浅去常加[1]，则青果不干亦不烂，秘诀也。

【译】用大锡瓶，瓶口可以容手出入的才好。把青果拣那些没有伤损的，轻轻放到瓶底部（乱投进去仍然会伤损），用瓷杯仰着盖在瓶上，杯子里盛水到八分满，如果蒸发了要常加水，这样就使青果不干也不烂，这是诀窍。

藏香橼[2]法

用快剪子剪去梗，只留分许，以穀树[3]汁点好，愈久而气不走，至妙诀也（点汁时勿沾皮上）。或用白果、小芋、黄腊俱不妙。

【译】用快剪子剪去香橼的梗，只留一分长短的部分，用穀树的汁液滴好，时间越久则香气不走，这是绝妙的方法（滴汁时不要沾到皮肤上）。或者有用白果、小芋、黄腊的，都不好。

香橼膏

刀切四缝，腐泔水浸一伏时，入清水煮熟，去核，拌白糖，多蒸几次，捣烂成膏。

【译】把香橼果用刀切出四个缝，用腐泔水浸泡二十四小时，倒入清水中煮熟了，去掉核，拌白糖，多蒸几次，捣烂成膏。

---

①浅去常加：变浅后要常常添加。

①香橼（yuán）：又名枸橼或枸橼子，果肉无色或淡乳黄色，爽脆，味酸或略甜，有香气。

②穀树："穀"应为"榖（gǔ）"。榖树，即构或楮，树皮可以造纸。

橙饼

大橙子二斤，连皮切片，去核，捣烂，加生姜一两，切片焙干，甘草一两，檀香半两，俱为末，和作饼子，焙干。用时碾细末点汤。

又法：只取橙皮，捣极烂，如绞漆法绞出，拌白糖，磁盆蒸熟，切片。

又法：橙子五十枚，干山药（蒸熟焙干）、甘草各一两，俱为末，白梅肉四两，共捣烂，焙干，印成饼。点白汤。

【译】大个橙子二斤，连皮切成片，去掉核，捣烂，加上生姜一两，切成片，微火烘烤干，甘草一两，檀香半两，都研成末，和起来做成饼子，微火烘干。用的时候碾成细末沏水。

又法：只用橙子皮，捣到极烂，像绞漆法一样绞出，拌上白糖，放在瓷盆里蒸熟，然后切成片。

又一法：橙子五十个，干山药（蒸熟烘干）、甘草各一两，都研成末，白梅肉四两，一起捣烂，烘干，模印成饼，用沏白水。

藏桔

松毛包桔，入坛，三四月不干（当置水碗于坛口，如"藏橄榄法"）。

又菉豆包桔亦久不坏。

【译】用松毛包裹橘子，放入坛子里，三四月不干（应当放一个水碗在坛子口上，像"藏橄榄法"一样）。

又，绿豆包裹橘子也经久不坏。

醉枣

拣大黑枣，用牙刷刷净，入腊酒酿浸，加烧酒一小盃，贮瓶，封固。经年不坏。空心啖数枚佳，出路早行尤宜，夜坐读书亦妙。

【译】拣大黑枣，用牙刷刷干净，加入腊酒浸泡，加入烧酒一小杯，贮存到瓶里，瓶口封结实。经过一年也不坏。空腹吃几个最好，出门早行尤其适合吃，夜间坐着读书时吃也很好。

樱桃干

大熟樱桃，去核，白糖层叠，按实磁罐，半日，倾出糖汁，砂锅煎滚，仍浇入，一日取出。铁筛上加油纸摊匀，炭火焙之，色红取下。其大者两个镶一个，小者三四个镶一个，日色晒干。

【译】大个的熟樱桃，去核，和白糖层叠装入罐子，并按结实。过半天，倒出浸出来的糖的汁液，用砂锅煮开后仍旧浇入罐中，一天后取出樱桃，在铁筛子上铺油纸，摊匀，用炭火烘烤，颜色红了的取下来。其中大的两个套成一个，小的三四个套成一个，在太阳光下晒干。

桃干

半生桃，蒸熟，去皮核，微盐掺拌，晒过，再蒸再晒，候干，白糖叠瓶，封固。饭锅顿三四次佳。

【译】把半生的桃蒸熟了，去掉皮和核，用微量的盐掺拌，晒过之后，再蒸再晒，直到晒干了，与白糖层叠放入瓶里，封闭牢固。在饭锅里炖三四次最好。

腌柿子

秋柿半黄，每取百枚，盐五六两，入缸腌下。春取食，能解酒。

【译】半黄的秋柿子，每一百个用盐五六两，放进缸里腌下。春天取出来食用，能解酒。

咸杏仁

京师甜杏仁，盐水浸拌，炒燥，佐酒甚香美。

【译】北京的甜杏仁，用盐水浸泡后，炒到干燥。用来下酒吃很香美。

【评】杏仁：杏仁营养价值极高，能调理身体，镇咳、平喘、降血糖、润肠通便。用来做菜丰富多彩，如杏仁大虾、杏仁杂拌菜、烤杏仁、木瓜杏仁冻儿以及小吃杏仁饼、杏仁豆腐、杏仁茶等。清代满汉席中四干果里也有五香杏仁、糖炒大扁（杏仁）、咸水杏仁等。（佟长有）

酥杏仁

苦杏仁泡数次，去苦水，香油煤浮[1]，用铁丝杓捞起，冷定，脆美。

---

①煤浮：炸得浮起来。

【译】苦杏仁，浸泡多次，去掉苦水，用香油炸到浮起来，用铁丝漏杓捞出来，冷却，香脆而味美。

桑葚

多收黑桑葚，晒干，磨末，蜜丸[①]。每晨服六十丸，反老还童。桑葚熬膏更妙，久贮不坏。

【译】多收集黑桑葚，晒干，磨成末，用蜂蜜和桑葚末做成丸。每天早晨服用六十丸，可以返老还童。桑葚熬成膏更妙，长久贮存不会坏。

枸杞饼

深秋摘红熟枸杞，蒸熟。略加白梅卤拌润。用山药、茯苓末加白糖少许捣和成剂，再蒸过，印饼。

【译】深秋时候，摘红熟的枸杞，蒸熟。稍加一些白梅卤搅拌均匀，使枸杞能够完全滋润。再用山药、茯苓末加入少量白糖，捣和成剂子，然后蒸过，模印成饼。

枸杞膏

（桑葚膏同法）

多采鲜枸杞，去蒂，入净布袋内，榨取自然汁，砂锅慢熬，将成膏，加滴烧酒一小杯收贮，经年不坏（或加炼蜜收亦可，须当日制就，如隔宿则酸）。

【译】采集一些新鲜枸杞，去掉根蒂，放入干净布袋里，

①蜜丸：用蜜和桑葚末做成丸。

榨取其自然汁，用砂锅慢火熬制，将要熬成膏时，放入一小杯烧酒然后收贮起来，可以常年不变质（或者加入炼制的蜂蜜使枸杞膏变得更稠，也可以。但必须当天就做成，如果隔一夜就变酸了）。

天茄

盐焯，糖制，俱供茶[①]。酱、醋焯拌，供馔。

【译】天茄不论是用盐水焯过，还是加糖制作，都可当作喝茶时的小吃。或者用酱、醋焯过再拌过，可以作为菜食。

素蟹

新核桃，拣薄壳者击碎，勿令散，菜油熬炒，用厚酱、白糖、砂仁、茴香、酒浆少许调和，入锅烧滚。此尼僧所传下酒物也。

【译】新下来的核桃，挑选壳薄的打碎了，不要将核桃仁打散了，用菜油熬炒，用浓酱、白糖、砂仁、茴香、少量酒浆调和起来，进锅烧滚开。这是尼姑和尚所传的下酒之物。

桃漉[②]

烂熟桃，纳瓮，盖口，七日，漉去皮、核，蜜封二十七日成鲊[③]，香美。

【译】熟透的桃子，装入瓮里，盖上口，七天后，将皮和核弄干净去掉，密封二十七天腌制成，很香很美味。

---

①俱供茶：都用来喝茶时供食。实即作为一种小吃来用。

②漉（lù）：液体下渗，滤。

③鲊（zhǎ）：用盐，米粉腌制成的鱼。泛指腌制品。

藏桃法

五日[1]煮麦面粥糊，入盐少许，候冷入瓮。取半熟鲜桃，纳满瓮内，封口。至冬月如生。

【译】五月初五这一天，煮麦面的粥糊，加入少量的盐，待冷却后放入瓮里。取半熟的鲜桃，装满此瓮，封上瓮口。到了冬天桃子还非常新鲜。

桃润[2]

三月三日取桃花，阴干为末，至七月七日取乌鸡血和，涂面，光白，润泽如玉。

【译】在三月三日这一天摘取桃花，放在阴凉处风干，研为末。到七月七日取乌鸡血与桃花末调和，用来擦脸，光而白，润泽如玉。

食圆眼[3]

圆眼用针针三四眼于壳上，水煮一滚取食，则肉满而味不走。

【译】用针在桂圆壳上扎三四个小孔，用水煮一下，水开了取来食用，桂圆的肉就会饱满但是味道不变。

杏浆

（李同法）

熟杏研烂，绞汁，盛磁盘，晒干收贮。可和水饮，又可

①五日：指夏历初五，当为桃子将熟的五六月份。

②本条为美容法，与饮食有一定关联。

③圆眼：桂圆。

和面用。

【译】熟的杏子，研烂，绞出汁液，盛入瓷盘里，晒干收贮。可与水混合饮用，也可以用来和面。

盐李

黄李，盐挼[1]，去汁，晒干，去核，复晒干。用时以汤洗净，荐酒佳。

【译】黄李子，用盐揉搓，去了汁液，晒干后去核，再晒干。食用时用水洗干净，是下酒的佳品。

嘉庆子

朱李也[2]。蒸熟，晒干，糖藏，蜜浸或盐腌晒干皆可久。

【译】就是红皮李子。蒸熟，晒干，加糖储藏起来。用蜂蜜浸渍或用盐腌制，晒干后都可久放不坏。

糖杨梅

每三斤，用盐一两腌半日，重汤浸一夜，控干。入糖二斤，薄荷叶一大把，轻手拌匀，晒干收贮。

【译】每三斤用盐一两腌半天。再用较多的汤水浸泡一夜，将水控干。加入糖二斤，薄荷叶一大把，轻轻拌匀，晒干后贮存。

又方（糖杨梅）

腊月水，同薄荷一握、明矾少许入瓮。投浸枇杷、林檎、

①盐挼（ruó）：用盐揉搓。

②朱李也：这是对“嘉庆子”的说明，是说嘉庆子是红皮李子的别名。

杨梅，颜色不变，味凉可食。

【译】用腊月的水，同一把薄荷叶、加上少量明矾放进瓮里。瓮里可以投进枇杷、苹果、杨梅进行浸泡。水果的颜色不变，味凉了就可以食用了。

栗子

炒栗，以指染油逐枚润，则膜不粘。

风栗，或袋或篮悬风处，常撼播之，不坏易干。

圆眼、栗同筐贮，则圆肉润而栗易干。

熟栗入糟糟之下酒佳。

风干生栗入糟糟之更佳。

栗洗净入锅，勿加水①，用油灯草三根圈放面上，只煮一滚，久闷，甜酥易剥。

油拌一个，酱拌一个，酒浸一个，鼎足置镬②底，栗香妙。

采栗时须披残其枝，明年子益盛。

【译】炒栗子，用手指头蘸油逐个润泽栗子，这样炒起来外膜不粘连。

风栗，或用袋子装或用篮子装，悬挂在通风的地方，并经常去摇动它，栗子就不会坏掉，容易干。

桂圆和栗子同筐贮放，则桂圆肉润泽饱满而栗子也容易干。

---

①前面说“勿加水”，这里又说“只煮一滚”，矛盾。疑文字有脱漏。

②镬（huò）：锅。

熟栗子用酒糟糟过，下酒吃最好。

风干的生栗子用酒糟糟过后就更好了。

栗子洗净放入锅里，不加水，用油灯草三根放在上面，只需要煮开一次，然后长久地闷起来，栗子就会甜酥容易剥开。

油拌一个，酱拌一个，酒浸一个，三足鼎立一般地放置锅底，炒出来的栗子又香又好。

采栗子时必须折去残树的枝子，这样明年会结更多的果实。

糟地栗[1]

地栗带泥封干，剥净入糟，下酒物也。

【译】荸荠带泥封干，然后剥干净加入酒糟，这是下酒的东西。

①地栗：荸荠的别名。

鱼之属

鱼鲊

大鱼一斤，切薄片，勿犯水，布拭净。夏月用盐一两半，冬月一两，腌食顷[1]。沥干。用姜、桔丝、莳萝、葱、椒末拌匀，入磁罐揿实。箬盖，竹签十字架定。覆罐，控卤尽，即熟。

或用红曲、香油。似不必。

【译】大鱼一斤，切成薄片，不要接触水，用布擦干净。夏季用盐一两半，冬季用盐一两，腌上一顿饭的工夫，把浸出来的水沥干。用姜、橘丝、莳萝、葱、花椒末拌匀，装入磁罐按实。用箬叶盖好，用竹签十字形固定。把罐子倒过来，把卤控尽，就做好了。

有的人还加入红曲、香油，好像没这个必要。

鱼饼

鲜鱼取胁[2]不用背，去皮骨净。肥猪取膘不用精[3]。每鱼一斤，对膘脂四两，鸡子清十二个。鱼、肉先各剁（肉内加盐少许），剁八分烂，再合剁极烂，渐加蛋清剁匀。中间作窝，渐以凉水杯许加入（作二三次），则刀不粘而味鲜美。加水后，急剁不住手，缓则饼懈（加水，急剁，二者要诀也）。剁成，摊平。锅水勿太滚，滚即停火。划就方块，刀挑入锅。笊篱

①腌食顷：腌制一顿饭的时间。

②胁：腋下至腰上的部分。

③精：瘦肉。

取出，入凉水盆内。斟酌汤味下之。

【译】鲜鱼取用鱼的肋骨下部不用脊背，把皮骨去净。肥猪取肥膘不用精肉。每一斤鱼，兑入肥膘四两，鸡蛋清十二个。鱼、肉先各自剁碎（肉里加少量的盐），剁到八分烂，再合起来剁到十分烂，逐渐加进蛋清，剁匀实。中间做一个窝，逐渐用凉水一杯加进去（分二三次加），这样就刀与肉不粘在一起而味道鲜美。加入水之后，要不住手地急剁，慢剁饼就会松懈（加水、急剁，这二者是要诀）。剁成后，把鱼肉馅摊平。锅里的水不要太热，太热就停一下火。把肉馅划成一个个方块，用刀挑着放入锅里。用笊篱捞出来放进凉水盆里。看汤的味道情况放入鱼饼。

鲫鱼羹

鲜鲫鱼治净，滚汤焯熟。用手撕碎，去骨净。香蕈、鲜笋切丝，椒、酒下汤[①]。

【译】鲜鲫鱼整治干净，用热水焯熟，用手撕碎，骨刺去干净。香蕈、鲜笋切成丝，加上花椒、酒，一起下到汤里烧煮。

【评】羹者必上芡，一般羹菜红、白两色，都以汤菜上桌食用，如奶油银鱼羹必用天津产银鱼，俗称金眼银鱼，为白汁；另一北京菜中的酸辣黄鱼羹以新鲜黄鱼作为主料，为红汁。（佟长有）

①下汤：指将撕碎的鲫鱼肉加上香蕈、笋丝、花椒、酒一起放进汤里烧煮。

风鱼

腊月鲤鱼或大鲫鱼，去肠勿去鳞，治净，拭干。炒盐遍擦内外，腌四五日，用碎葱、椒、莳萝、猪油、好酒拌匀，包入鱼腹，外用皮纸包好，麻皮扎定，挂风处。用时，慢火炙熟。

【译】腊月的鲤鱼或大鲫鱼，去掉肚肠不要去鳞，整治干净，擦干鱼身上的水。用炒盐擦遍鱼的内外，腌制四五天。碎葱、花椒、莳萝、猪油、用好酒拌匀，包入鱼腹，外边用皮纸包好，用麻皮扎上，挂在通风的地方。用的时候，慢火烤熟。

去鱼腥

煮鱼用木香[①]末少许则不腥。

洗鱼滴生油一二点则无涎[②]。

凡香橼、橙、桔、菊花及叶采取、捶碎洗鱼至妙。

凡鱼外腥[③]多在腮边、鬐根[④]、尾稜，内腥多在脊血、腮里。必须于生剖时用薄荷、胡椒、紫苏、葱、矾等末擦洗内外极净，则味鲜美。

【译】煮鱼的时候用木香末少量就不会有腥味。

洗鱼时滴上生油一二滴就没有粘液。

凡是香橼、橙子、橘子、菊花连叶采集来，捶碎洗鱼最好。

凡是鱼的表面的腥味，大多在腮边、鳍根、尾稜部位，

①木香：菊科多年生草本植物。根做药用，气味芳香，有健胃、行气止痛等功效。

②涎（xián）：指鱼身上的黏液。

③外腥：指鱼表面的腥味。

④鬐根：鱼鳍的根部。鬐，为“鳍”之误。

内部腥味大多在脊血、腮里。必须在生剖的时候用薄荷、胡椒、紫苏、葱、矾等细末擦洗内外到非常干净，这样就味道鲜美了。

煮鱼法

凡煮河鱼，先下水乃烧，则骨酥。江海鱼，先滚汁，次下鱼，则骨坚易吐。

【译】凡是煮河鱼，先下到水里烧煮，鱼就会骨头酥软。江海鱼则要先烧沸水再下鱼，则骨刺坚硬容易吐出来。

酥鲫

大鲫鱼治净，酱油和酒浆入水，紫苏叶大撮，甘草些少，煮半日，熟透，味妙。

【译】大鲫鱼整治干净，酱油调和酒浆，一起倒入水，加上紫苏叶一大撮、少量甘草，煮上半天，熟透了，味道很妙。

【评】古方酥制鲫鱼，与现代有很大区别。京城便宜坊苏德海（已故）大师20世纪80年代曾因此菜成为酥鱼大师，其制作酥鱼骨稣肉香，鱼头、鱼骨酥到极致。

北京、山东都有此菜，只是山东鲁菜在制作酥鱼时先将鲫鱼炸上色，再焖制到酥；京味鲫鱼不炸，直接码入锅中焖到酥。行业中称鲁酥鲫为“硬面酥鲫鱼”，称京酥鲫为“软面酥鲫鱼”，以示区别风味。

不管软面、硬面酥鲫鱼，在调味和佐料上都要大葱、大姜、大蒜、大糖、大醋。这样使得口味香、甜、酸、咸、鲜。

一锅酥鲫鱼要炖5～6小时，肉香骨酥，不破不烂，鱼体完整，汤汁醇厚。（佟长有）

炙鱼

鲚鱼新出水者，治净。炭火炙十分干收藏。

一法，去头尾，切作段，用油炙熟。每段用箬间盛瓦罐，泥封。

【译】鲚鱼要新出水的，整治干净。用炭火烘烤到十分干，收藏起来。

另一方法，去掉头尾，切成段，用油烤熟，每一段用箬叶间隔着盛放在瓦罐里，用泥封上罐口。

酒发鱼

大鲫鱼净，去鳞、眼、肠、腮及鬐尾，勿见水。用清酒脚洗，用布抹干。里面用布扎筯头[1]细细搜抹净。神曲、红曲、胡椒、川椒、茴香、干姜诸末各一两，拌炒盐二两，装入鱼腹，入鐔。上下加料一层，包好，泥封。腊月造下，灯节后开[2]，又番[3]一转，入好酒浸满，泥封。至四月方熟。可留一二年。

【译】大鲫鱼整治干净，去鳞、眼、肠、腮和鳍尾，不要沾水。用清酒底子洗，用布擦干。鱼的里面，用布扎筷子头，细细地搜抹干净。神曲、红曲、胡椒、川椒、茴香、干姜的细末各一两，加拌炒盐二两，装入鱼肚子，放进鐔子里。鱼

①筯头：应为筯头，即筷子头。

②灯节：即元宵节，在夏历正月十五日。因这一天有观灯的习俗，故称灯节。开，开鐔。

③番：应为“翻”。

的上面和下面各加上一层调料，包好，用泥封实。腊月制造的，灯节之后打开，将鱼翻转一下，加入好酒满罈，用泥封实。到四月才算制作好。可以存放一二年。

暴腌糟鱼

腊月鲤鱼，治净，切大块，拭干。每斤用炒盐四两擦过，腌一宿，洗净，晾干。用好糟一斤，炒盐四两拌匀。装鱼入瓮，箬包泥封。

【译】腊月的鲤鱼，整治干净，切成大块，擦拭干净。每斤用四两炒盐擦过，腌一天，洗干净，晾干。用好糟一斤，炒盐四两拌匀。把鱼装进瓮里，用箬叶包瓮口以泥封实。

蒸鲥鱼

鲥鱼去肠不去鳞，用布抹血水净，花椒、砂仁、酱擂碎（加白糖、猪油同擂妙），水酒、葱和，锡镟[1]蒸熟。

【译】鲥鱼去肠子不去鳞，用布抹净血水。用花椒、砂仁、酱一起研碎（加入白糖、猪油一起研碎最好），与水酒、葱混和，放在锡镟里蒸熟。

鱼酱法

鱼一斤，碎切，洗净，炒盐三两，花椒、茴香、干姜各一钱，神曲二钱，红曲五钱，加酒和匀，入磁瓶封好，十日可用。用时加葱屑少许。

---

①锡镟：锡制的旋子。镟，为旋的异体字，一种盛器。可以温酒和蒸物。

【译】鱼一斤，切碎，洗净，炒盐三两，花椒、茴香、干姜各一钱，神曲二钱，红曲五钱，加入酒，调和均匀，装入瓷瓶封好。十天后可以食用。食用时加少量葱花。

黑鱼

泡透，肉丝同炒。

【译】泡透黑鱼，与肉丝一起炒。

干银鱼

冷水泡展[1]，滚水一过，去头。白肉汤煮许久，入酒，加酱姜[2]，热用。

【译】把干银鱼用冷水泡得舒展开，再用开水一焯，去掉头，用白肉汤煮较久的时间，加入酒，加入酱、姜。热着食用。

蛏鲊

蛏一斤,盐一两,腌一伏时。再洗净,控干。布包,石压。姜、桔丝五钱、盐一钱、葱五分、椒三十粒、酒一大盏。饭糁（即炒米）一合，磨粉（酒酿糟更妙），拌匀入瓶，十日可供。

鱼鲊同法。

【译】蛏一斤，盐一两，腌二十四小时，再洗干净，控干。用布包起来，压上石头。姜、橘丝五钱、盐一钱、葱五分、花椒三十粒，酒一大杯。饭糁（就是炒米）一合，磨粉（用

①泡展：泡得（银鱼）舒展开。

②酱姜：酱生姜。

酒酿糟更好），拌均匀装到瓶里。十天可食用。

鱼鲊的方法相同。

虾乳

（即虾毬）

法与鱼饼同。其不同者，虾与猪膘对配，蛋清止用五六个。乳成，加豆粉，薄调，入少许，不用生水，即手稍歇亦可。

【译】方法与制鱼饼相同。所不同处是，虾与猪肥膘一比一搭配，蛋清只用五六个。乳成之后，加入豆粉，薄薄地调制，加少量的水，不用生水，剁的时候稍微停顿一下也可以。

【评】虾乳的做法虽然几经朝代更迭，但饮食行业的口耳相传、承前启后从没有停止过。看今天的“蒲棒大虾”“百花虾滑”等佳肴美馔哪道不是从古法中汲取营养、推陈出新的？客观地讲，这些菜肴无论是从烹法、色彩、营养、质感、造型等诸多方面又极大地丰富了古法。（牛金生）

腌虾

鲜河虾，不犯水，剪去须尾。每斤用盐五钱，腌半日，沥干。碾粗椒末洒入，椒多为妙。每斤加盐二两拌匀，装入罈。每斤再加盐一两于面上，封好。用时取出，加好酒浸半日，可食。如不用，经年色青不变。但见酒则化速而易红败也。

一方：纯用酒浸数日，酒味淡则换酒。用极醇酒乃妙。用加酱油冬月醉下，久留不败。忌见火。

【译】用鲜河虾，不沾水，剪掉须子尾巴。每斤用盐五钱，腌半天，沥干。碾些粗花椒末洒进去，以花椒多为好。每斤加盐二两拌均匀，装入坛子。每斤再加一两盐放在上面，封好。用时取出来，用好酒浸泡半天，就可以吃了。如果不食用，过一年也颜色是青色的不变。但是放了酒很快就会化了而且容易变红腐败。

另一方法：完全用酒浸泡数日，酒味淡了就换酒，用非常醇厚的酒才好。用加酱油在冬季醉制，长久存放不败坏。要禁忌用火。

晒红虾

虾用盐炒熟，盛箩内。用井水淋洗去盐，晒干。红色不变。

【译】虾用盐炒熟，盛在箩筐里，用井水洗去盐，晒干。红颜色不变。

脚鱼[①]

同肉汤煮。加肥鸡块同煮更妙。

【译】同肉汤一起煮，加入肥鸡块一起煮更好。

【评】前朝的烹调方法尚未形成现代烹饪体系，文中的“煮”法就是今天的“烧”“煨”方法，名肴“霸王别姬”“红煨甲鱼”就是此菜的再现。（牛金生）

①脚鱼：即鳖。又名“甲鱼”“团鱼”。

水鸡[①]腊

肥水鸡，只取两腿，用椒、料酒、酱和浓汁浸半日，炭火缓炙干，再蘸汁再炙，汁尽，抹熟油再炙，以熟透发松为度。烘干，瓶贮，久供。色黄勿焦为妙。

【译】挑选比较肥的青蛙，只用其两条腿，用花椒、料酒、酱油调和或浓汁浸泡半天，然后用炭火缓缓烤干，再蘸调汁再烤，汁液烤完了，抹上熟油再烤。以烤到熟透松软为限度。烘干用瓶贮存。可以长期供食。烤到颜色发黄而不焦为宜。

臊子[②]蛤蜊

水煮去壳。切猪肉（精肥各半）作小骰子块，酒拌，炒半熟。次下椒、葱、砂仁末、盐、醋和匀，入蛤蜊同炒一转。取前煮蛤蜊原汤澄清，烹入（不可太多），滚过取供。

加韭芽笋茭白丝拌炒更妙（略与炒腰子同法）。

【译】用水煮，去掉壳。切猪肉（精肥各一半）制作成小骰子块，用酒搅拌，炒到半熟。其后下花椒、葱、砂仁末、盐、醋，调和均匀，然后放入蛤蜊肉一起翻炒。再取刚才煮蛤蜊已澄清的原汤，下锅烹调（不可下太多），汤沸之后即可把臊子蛤蜊取出来食用了。

加入韭菜芽、笋、茭白丝同炒更好（大致与炒腰子方法相同）。

---

①水鸡：即青蛙。

②臊（sào）子：肉末或小肉丁。此处指肉丁。

【评】加韭芽、笋、茭白三丝拌炒更妙（略与炒腰子同法）。臊子蛤蜊：时至今日，各类酒楼庄馆、夜市排档烹制小海鲜依旧延用此法。但绝不是煮后去壳，较古法则显粗糙。菜名通俗但极不雅——“辣炒花蛤”，我不明白什么叫辣炒？是因为加了辣椒吗？那要是多放胡椒的话是不是应该叫“胡炒”？与先贤所遗“臊子蛤蜊”相比较，从起名到烹制都不能相提并论。（牛金生）

醉虾

鲜虾拣净，入瓶。椒、姜末拌匀。用好酒顿滚，泼过。食时加盐酱。

又将虾入滚水一焯，用盐撒上拌匀，加酒取供。入糟即为糟虾。

【译】鲜虾挑拣干净的，放入瓶子。把花椒、姜末拌匀。用好酒炖到滚开，泼到虾上，吃的时候加上盐酱。

还有一方法是把虾在滚水里一焯，用盐撒上拌匀，加上酒供食。如果加入糟，就是糟虾了。

【评】醉虾、醉蟹的方法现在依然风行。文中所叙好酒应为今日的陈年黄酒（山东用即墨老酒，江浙用绍兴花雕，福建用龙岩沉缸）。不焯水为“生腌生醉”，焯水煮熟就是“熟醉”之法。（牛金生）

酒鱼

冬月大鱼，切大片。盐挐，晒微干。入罈，滴烧酒灌满，泥口。来岁三四月取用。

【译】冬季的大鱼，切成大片，用盐拿，晒到微干，装进坛子里，用烧酒灌满坛子，泥封坛口。来年三四月取用。

甜虾

河虾滚火焯过，不用盐，晒干取用，味甘美。

【译】河虾，用滚水焯过，不用盐，晒干备用，味道甘美。

【评】此甜虾在江南水乡的旅游景点、农家乐还有乡亲或售卖或入馔，一般是自家晾晒的虾干。（牛金生）

虾松

虾米拣净，温水泡开，下锅微煮，取起。盐少许，酱并油各半，拌浸。用蒸笼蒸过，入姜汁并加些醋（恐咸，可不必用盐）。虾小微蒸，虾大多蒸，以入口虚松为度。

【译】虾米拣干净的，温水泡开，下锅稍微煮一下，取出。加少量的盐，酱和油各一半，拌后浸泡。用蒸笼蒸过，加入姜汁和一些醋（如果怕咸，可不必加盐）。虾个小就稍微蒸一下，个大就多蒸一会儿。以吃着虚松为限度。

淡菜[1]

淡菜极大者水洗，剔净，蒸过，酒酿糟下，妙。

一法：治净，用酒酿、酱油停对，量入熟猪油、椒末，蒸三炷香。

---

①淡菜：淡菜是贻贝科动物的贝肉，也叫青口，雅号“东海夫人”。外壳呈青黑褐色，生活在海滨岩石上。淡菜在中国北方俗称海虹。

【译】极大的淡菜，洗剔干净，蒸过，用酒酿糟上，很好。

另一方法：整治干净，用酒酿、酱油比一兑入，适量加些熟猪油、花椒末，蒸上三炷香的时间。

【评】前人描述淡菜入馔方法，译文解释的很明白。今日海鲜市场所售冰鲜的“青口贝”“海螺肉”虽新鲜但与活贝不能并论。所以高明的厨师就将它们择洗干净，添加姜、葱、椒、酒，上笼蒸至烂熟再烹制成菜，这就是“古为今用”。（牛金生）

土蛈①

白浆酒换泡，去盐味。换入酒浆，加白糖，妙。

要无沙而大者。

【译】用白浆和酒换着浸泡，去掉盐味。换入酒浆，加上白糖，食用甚妙。

要没有沙子而且个头大的。

酱鳆鱼②

白水泡煮，去皱皮。用酱油、酒浆、茴香煮用。

又法：治净，煮过。用好豆腐切骰子大块，炒熟，乘热撒入鳆鱼，拌匀，酒酿一烹，脆美。

【译】用白水浸泡锅煮，去掉皱皮，再用酱油、酒浆、茴香煮后食用。

---

②土蛈（tì）：《随园食单》作“吐蛈”，即泥螺。

③鳆（fù）鱼：即鲍鱼。

又一方法：整治干净，煮过后，用好豆腐切成大块肉丁状、炒熟，趁热撒入鳆鱼，拌匀，用酒酿烹一下，又脆又美。

【评】古法中的酱鳆鱼，还是今天宴席中的头牌——但现代的名厨在学习前人的基础上不断否定、修正自己，将古法酱鳆鱼提高到了前所未有的高度，衍生出了“罐头鲍鱼”。又借鸡、鸭、肘骨之鲜滋养鲍鱼，烹制出了享誉国际的“红烧大网鲍”“红烧吉品鲍”，更好地诠释了现代烹饪的理念——“有味者使之出，无味者使之入”的烹调精髓。（牛金生）

海参

海参烂煮固佳，糟食亦妙，拌酱炙肉未为不可。只要泡洗极净，兼要火候。

照鳆酱法亦佳。

【译】海参烂煮食用固然好吃，而糟过后吃也很好，拌酱烤肉也未尝不可。只要泡洗极干净，同时要火候适当。

按照鳆鱼酱吃的方法也很好。

【评】海参：《清稗类钞·动物类》记载，海参为棘皮动物，旧名“沙噀”，而称干者为“海参”。古书所述海参“烂煮固佳”指的是海参涨发后的烹制方法。糟食就是“糟烩”，拌酱炙肉未可以理解为肉酱红烧或“臊子海参”。（牛金生）

虾米粉

虾米不论大小，白色透明者味鲜。若多一分红色，即多一分腥气。取明白[①]虾米，研细粉，收贮。入蛋腐及各种煎炒煮会[②]细馔，加入极妙。

【译】虾米，不论大小，白色透明的味道鲜美。如果多一分红色，就多一分腥气。取透明色白的虾米，烘干燥，研作细粉，收贮。加到蒸蛋羹里，以及各种煎炒煮烩的讲究菜肴里加一些非常美妙。

鲞[③]粉

宁波淡白鲞（真黄鱼一日晒干者），洗净，切块，蒸熟，剥肉，细剉，取骨，酥炙，焙燥，研粉，如虾粉用（其咸味黄枯鲞不堪用）。

【译】宁波的淡白鲞（真黄鱼一天晒干的），洗干净，切成块，蒸熟，剥出肉，细细切碎，取出骨刺，烤酥、焙干燥，研成粉，像虾粉那样食用（有咸味黄枯的鲞鱼不能用）。

【评】鲞：就是现在的暴腌黄鱼，而粉则是将鲞蒸熟、烘干、研磨成面儿，在烹调时撒入菜肴增鲜的增鲜剂，这可能就是"味之素"的前世。（牛金生）

熏鲫

鲜鲫治极净，拭干。用甜酱酱过一宿，去酱，净油烹，微晾，茴、椒末揩匀，栢枝薰之。

---

①明白：透明色白。

②会：烩之误。

③鲞（xiǎng）：剖开晾干的鱼。

紫蔗皮、荔壳、松壳碎末薰更妙。

不拘鲜鱼，切小方块，同法亦佳。

凡鲜鱼治净，酱过，上笼蒸熟，薰之皆妙。

又鲜鱼入好肉汤煮熟，微晾，椒茴末擦薰妙。

【译】新鲜鲫鱼整治干净，擦干。用甜酱酱上一晚。除掉酱，用净油烹制，然后放到稍凉些，用茴香、花椒末把鱼身均匀地擦一遍，再点燃柏树枝，用烟火薰制。

用紫甘蔗皮、荔枝壳、松子壳碎末来薰制更好了。

随便什么鲜鱼，切成小方块，用此法薰制也很好。

凡是鲜鱼整治干净，用酱酱过，上笼蒸熟，然后薰制都妙。

又有鲜鱼放入好肉汤里煮熟，微微放凉后，花椒、茴香末均匀擦拭后薰制，很好。

【评】烟薰鲫鱼南北皆有，而与旧时不同之处是薰料的变化。由于工艺的合理使成菜更简捷亮丽、香浓隽永。“五香薰鱼”“葱酥鲫鱼”均由“薰鲫”幻化所成。腌、炸、熗、薰再刷香油，既香又润，而薰料也增添了茶叶、小米、红糖、花生壳、芝麻秸，使薰鲫焕发出新的光彩。（牛金生）

糟鱼

（腊月制）

鲜鱼治净，去头尾，切方块。微盐腌过，日晒，收去盐水迹。每鱼一斤，用糟半斤、盐七钱、酒半斤，和匀入罈，底面须糟多，封好。三日倾到一次。一月可用。

【译】鲜鱼整治干净，去掉头尾，切成方块。用少量食盐腌过，经过太阳照晒，收干盐水。每一斤鱼，用糟半斤、盐七钱、酒半斤，调和均匀装入罈子，罈底部必须糟多放一些，封好。三天要倾倒一次。一个月就可以食用了。

【评】糟鱼：即是如今馆子里卖的腊鱼。由于制作周期长，所以就没几家是自制的，而是食品厂的代工食品，自然也就没有了风味食品应该有的个性化。（牛金生）

海蜇

海蜇洗净，拌豆腐煮，则涩味尽而柔脆。

切小块，酒酿、酱油、花椒醉之妙。糟油拌亦佳。

【译】把海蜇洗干净，拌上豆腐来煮，就没有涩味而且味道柔脆。

切成小块，用酒酿、酱油、花椒来醉上它非常好。糟油拌食也好。

鲈鱼脍

吴郡①八九月霜下时，收鲈三尺以下，劈作鱠②，水浸布包，沥水尽，散置盆内。取香柔花叶相间细切，和脍拌匀。霜鲈肉白如雪，且不作腥，谓之“金齑玉鲙，东南佳味”③。

【译】苏州一带八九月下霜的时候，收取三尺以下的鲈

①吴郡：此指江苏苏州。

②鱠（kuài）：“脍”的异体字。意为切得很细的肉。此处似指切得很薄的鱼片。

③“谓之”句：为隋炀帝语。《大业拾遗》说，炀帝吃了吴郡进贡的“鲈鱼脍”之后，赞曰：“金齑（jī）玉鲙，东南佳味也！”

鱼，劈切成薄片，用水浸泡再用布包起来，把水沥净，散放到盆里，再取香柔的花和叶相间隔细切，和鱼片拌匀。霜鲈肉洁白如雪，而且没有腥气，所以说是“金齑玉鲙，东南佳味”。

蟹

酱蟹、糟蟹、醉蟹精秘妙诀。

制蟹要诀有三：

其一雌不犯雄，雄不犯雌则久不沙[①]；其一酒不犯酱，酱不犯酒则久不沙（酒、酱合用，止供旦夕）；其一必须全活，螯足无伤。

忌嫩蟹。

忌火照。或云：制时逐个火照过则又不沙。

【译】酱制蟹、糟制蟹、醉蟹精秘诀窍。

制作螃蟹的要诀有三个：

其一是雌的、雄的不能一起腌制，这样就可久放不沙；其一是酒和酱互相抵触，不一起用，也可以不沙（酒、酱混用腌制出来的螃蟹，只能短时间内食用）；其一必须全是活的，蟹脚没有损伤。

还要忌嫩蟹。

禁用火照。有人说：制蟹时逐个用火照过就不沙了。

①此句意为雌蟹雄蟹不能放在一起腌制，这样能使蟹黄、蟹膏保持原味不沙。“沙”，松散、易流失，即“澥”。

上品酱蟹

大罈内闷酱味厚而甜。取活蟹，每个用麻丝缠定，以手捞酱搪蟹如泥团，装入罈，封固。两月开，脐壳易脱，可供。如剥之难开，则未也，再候之。

此法酱厚而凝密，且一蟹自为一蟹，又自吸甜酱精华，风味超妙殊绝（食时用酒洗酱，酱仍可用）。

【译】在大罈子里闷酱，味浓厚而甘甜。取活蟹，每个都用麻丝缠绑上，用手捞酱把蟹搪成泥团的样子，装进罈子，罈口封好。两个月后开罈，蟹的脐壳容易脱下，可供食用。如果脐壳还难开，就是腌制未成熟，要再等一些时间。

这一方法酱味厚重而且在蟹身上凝结严密，并且每只螃蟹都是各自用酱包好的，又是自己吸收甜酱的精华，风味当然极其好而且绝美了（食用时可以用酒洗去酱，酱仍可再用）。

糟蟹

（用酒浆糟，味虽美，不耐久）

三十团脐不用尖[①]，老糟斤半半斤盐，好醋半斤斤半酒，八朝直吃到明年[②]。

蟹脐内每个入糟一撮。罈底铺糟一层，再一层蟹一层灌

①三十团脐不用尖：用三十个团脐螃蟹，不用尖脐的。团脐：雌蟹，腹内黄子多。尖脐，雄蟹，腹内油膏多。

②八朝直吃到明年：八天即可吃，能一直保存到明年。此歌谣，在元代《居家必用事类全集》“糟蟹”条中作“可餐七日到明年”；明代《便民图纂》“糟蟹”条中亦作“可餐七日到明年”。意义皆同。

满，包口。即大尖脐，如法糟用亦妙。须十月大雄[1]乃佳。

蟹大，量加盐糟。

糟蟹罈上用皂角半锭，可久留。

蟹必用麻丝扎。

【译】三十个雌蟹不用雄的，老糟一斤半半斤盐，好醋半斤一斤半酒，八天可以吃，可以一直放到明年。

每个蟹的脐内加进一撮糟，坛子底层铺一层糟，再一层蟹、一层糟，直到摆满坛子，包上坛口。就是大尖脐的螃蟹，用此法糟制也妙。须要十月间的大雄蟹最好。

如果蟹个大，适量多加盐和糟。

糟蟹坛子上用皂角半锭，可以长久留存。

蟹必须用麻丝包扎。

醉蟹

寻常醉法：每蟹用椒盐一撮入脐，反纳罈内用好酒浇下，与蟹平（略满亦可），再加椒粒一撮于上。每日将罈斜侧转动一次，半月可供。用酒者断不宜用酱。

【译】平常的醉法：每只蟹用椒盐一撮加入脐内，倒着个儿放到罈中，用好酒浇进去，浇到与蟹齐平（稍满一些也可以），再加一撮花椒粒在上头。每天把罈子斜侧着转动一次，半个月可供食用。用酒来做醉蟹的绝对不能再用酱。

---

①大雄：大个的雄蟹。

煮蟹

（倪云林法）[1]

用姜、紫苏、桔皮、盐同煮。才大沸更翻，再一大沸便啖。凡旋煮旋啖则热而妙。啖已再煮。捣橙齑、醋供。

孟诜[2]《食疗本草》云：蟹虽消食、治胃气、理经络，然腹中有毒，中之或致死。急取大黄、紫苏、冬瓜汁解之。

又云：蟹目相向者不可食。

又云：以盐渍之，甚有佳味。沃以苦酒，通利支节[3]。

又云：不可与柿子同食。发霍泻。

陶隐居[4]云：蟹未被霜[5]者，期有毒，以其食水莨[6]（音建）也。人或中之，不即疗则多死。至八月，腹内有稻芒，食之无毒。

《混俗颐生论》云：凡人常膳之间，猪无筋，鱼无气，鸡无髓，蟹无腹，皆物之禀气不足者，不可多食。

凡熟蟹劈开，于正中央红衁[7]外黑白翳内有蟹鳖[8]，厚薄大小同瓜仁相似，尖棱六出，须将蟹爪挑开，取出为佳。食之腹痛，盖蟹毒全在此物也。

---

①倪云林：元代著名散曲作家和画家倪瓒，号云林，著有《云林堂饮食制度集》。

②孟诜（shēn）：唐代医学家。著有《食疗本草》。

③支节：四肢关节。

④陶隐居：即陶弘景，南朝齐梁间道教思想家和医学家。有不少医药方面著作。

⑤被霜：经霜。“被”同“披”。

⑥水莨（làng）：一本作“水茛（gèn）”。是一种有剧毒的水生植物。

⑦衁（huāng）：蟹黄。

⑧蟹鳖：俗称“六角虫”，即蟹的心脏，是靠近蟹黄蟹油处的小六角形，据说其寒性甚重。

【译】用姜、紫苏、橘皮、食盐与蟹同煮，水一沸腾就翻个，再一沸腾就可以吃了。凡是一面煮一面吃在蟹还热着的时候是最好吃的。吃完了再煮，可把橙子皮捣为细末，加到醋里，供蘸着吃使用。

孟诜在《食疗本草》中说：蟹虽然能消化食物、治疗胃气、理顺经络，然而它腹中有毒，中了毒有可能致死。中毒后即可取来大黄、紫苏、冬瓜汁解毒。

又说：蟹眼睛相对的，不可以吃。

又说：用盐腌渍，很美味。浇上苦酒腌制的，可以通利四肢关节。

又说：不可与柿子同食，会引发霍乱、腹泻。

陶弘景说：蟹没有经霜的，毒性很大，因为它吃水莨（音建）的关系。人也可能中毒，不立即治疗的大多会死。到八月间，蟹腹内有稻芒，人吃了没有毒。

《混俗颐生论》说：人们日常饮食之中，猪没有筋，鱼没有气，鸡没有骨髓，蟹没有腹，都是禀乘元气不足的，不可以多吃。

熟蟹劈开，在正中央红盘以外黑白翳之内有蟹鳖，厚薄大小与瓜仁相似，尖棱六出，必须将蟹爪挑取出来为好，吃了会腹痛，因为蟹毒全在此物之中。

蒸蟹

蟹浸多水煮则减味。法用稻草搥软挽匾髻入锅，水平草面，置蟹草上，蒸之味足。

山药、百合、羊眼豆等俱用此法。

【译】用很多水浸泡螃蟹，煮出来会减味。最好的方法是将稻草椎软后挽作匾髻的形状放入锅里，水与草面持平，把螃蟹放在稻草上，蒸出来味道很足。

山药、百合、羊眼豆等都可用此方法。

禽之属

鸭羹

肥鸭煮七分熟，细切骰子块，仍入原汤，下香料、酒、酱、笋、蕈之类，再加配松仁，剥白核桃更宜。

【译】肥鸭子煮七分熟，细切成肉丁大小，仍放回原汤里，下入香料、酒、酱、笋、蕈之类，再加配上松子仁，剥皮白核桃仁更合适。

【评】鸭、鸡羹的烹制方法即是“混烩”或“清烩”的汤菜类。所谓混烩就是需要勾芡，清烩则不勾芡。（牛金生）

鸡羹

肥鸡白水煮七分熟，去骨，细切，一如“鸭羹”法。

【译】肥鸡用白水煮到七分熟，去掉骨头，细细切好，与做“鸭羹”的方法一样。

鸡鲊

肥鸡细切，每五斤入盐三两，酒一大壶，腌过宿。去卤，加葱丝五两，桔丝四两，花椒末半两，莳萝、马芹各少许，红曲末一合，酒半斤，拌匀，入罈按实，箬封。

猪、羊精肉皆同法。

【译】肥鸡细细切好，每五斤加上盐三两、酒一大壶，腌过一夜。去掉卤，加上葱丝五两，橘丝四两，花椒末半两，莳萝、马芹各少量，红曲末一合，酒半斤，拌匀，装入坛中按结实。用箬竹叶封口。

猪、羊的精肉都可用此方法。

卤鸡

雏鸡治净，用猪板油四两（搥烂）、酒三碗、酱油一碗、香油少许、茴香、花椒、葱同鸡入鏇。汁料一半入腹内，半淹鸡上，约浸浮四分许。用面饼盖鏇[1]。用棍数根于鏇底架起，隔汤蒸熟。须勤翻看火候。

【译】雏鸡整治干净，用猪板油四两（搥烂）、酒三碗、酱油一碗、少量香油、茴香、花椒、葱同雏鸡一起放入鏇里。卤汁一半放入鸡腹里，一半浸淹到鸡体上，大约有四分之一鸡体浸泡在液体中。用面饼盖上鏇。用几根棍在鏇底架起来。隔着汤水，将鸡蒸熟。必须勤翻动看火候如何。

鸡醢[2]

肥鸡白水煮半熟，细切。用香糟、豆粉调原汁，加酱油调和烹熟。

鹅、鸭、鱼同法制。

【译】肥鸡用白水煮到半熟，细切好。用香糟、豆粉调和原汁，加上酱油调和烹煮到熟。

鹅、鸭、鱼用相同方法制作。

---

①用面饼盖鏇：用面饼子把鏇口盖上。古代蒸食品，常有用面饼做蒸器盖子的。

②鸡醢（hǎi）：鸡酱。醢，肉、鱼等制成的酱。

鸡豆

肥鸡去骨剁碎，入锅，油炒，烹酒、撒盐、加水后，下豆，加茴香、花椒、桂皮同煮至干。每大鸡一只，豆二升。

“肉豆”同法。

【译】肥鸡去骨剁碎，放进锅里用油炒，用酒烹，撒上盐，加水以后下进豆子，再加上茴香、花椒、桂皮，一起煮到干。每一只大鸡，用豆二升。

制作“肉豆”是同一方法。

【评】制法是将鸡肉切成小块，加佐料，锅烧热，加适量豆油，下葱花，切块炊炒，烹入料酒（黄酒）、盐、酱油，把黄豆放锅里一起煸炒，放入黄豆加香料（小茴香、花椒、桂皮），加水，炒焖汤汁干了即可。北京的笃咸茄儿做法同以上（略同）。只是先放葱花、干黄豆、酱油水、大料、茄子即可，黄豆和茄子熟了即好，只是菜入碗后加花椒油、葱丝、香菜同食。两种菜虽主料不同，调味略有区别，但是相同的是都用生黄豆，豆香在菜中。（佟长有）

鸡松

鸡用黄酒、大小茴香、葱、椒、盐、水煮熟。去皮、骨，焙干。擂极碎，油拌，焙干收贮。

肉、鱼、牛等松同法。

【译】鸡，用黄酒、大小茴香、葱、花椒、盐、水煮熟。去掉皮、骨，烤干。研搓到极碎，用油拌一下，烘烤干了收贮。

肉、鱼、牛等松用同一方法。

【评】鸡松，即鸡肉松，以鸡肉为主要原料，营养丰富、口味清香，是大家喜欢的干制品之一。其制法如下：

鸡脯肉洗净入锅中，加适量水、葱段、姜片、大料、桂皮，将鸡肉煮到软烂，捞出过凉；把煮好的鸡肉撕成细丝；把熟鸡丝用刀剁碎备用；锅内放底油下鸡肉末，加酱油、盐、白糖，小火慢炒，炒至鸡肉末蓬松，再下少许香油提香味；把炒好的鸡肉松放粉碎机搅打一下，让它更松香；倒入吸纸上吸潮晾干入瓶封盖保存。（佟长有）

粉鸡

（即名“搥鸡”，自是可口[①]，然用意太过）

鸡胸肉，去筋、皮，横切作片。每片搥软，椒、盐、酒、酱拌，放食倾，入滚汤焯过取起，再入美汁烹调。松嫩。

【译】鸡胸肉，去掉筋、皮，横着切成片。每片都搥软，用花椒、食盐、酒、酱拌一下。放一顿饭的时间，在开水里焯过取出，再加入美味汁液烹调。非常松嫩。

【评】粉鸡，也称捶鸡，安徽、四川以及江南都有此风味。选料有用鸡脯的，也有用去骨鸡的，以嫩鸡为好。所谓嫩鸡，基本为一年之内饲养的鸡。

粉鸡除了在加工前先腌制入味，为了口感更加爽嫩、滑糯，更需在捶时加上鸡蛋清和干淀粉。在烹饪过程中取一只

---

①可口：是形容食物词语，出自《庄子·天远》，解释为食物美味合口胃。

盘子，抹上大油，将捶好的鸡片放好蒸熟或放开水或汤中涮后蘸调味汁食用。除做粉鸡也可做粉鱼等菜肴。（佟长有）

蒸鸡

嫩鸡治净，用盐、酱、葱、椒、茴香等末匀擦，腌半日，入锡镟蒸一炷香取出，斯[①]碎，去骨，酌量加调滋味，再蒸一炷香，味甚香美。

鹅、鸭、猪、羊同法。

【译】嫩鸡，整治干净，用盐、酱、葱、花椒、茴香等细末均匀地擦一遍，腌上半天，放进锡镟里蒸一炷香的时间取出来，撕碎，去掉骨头，酌量加一些调味品，再蒸上一炷香，味道很香美。

鹅、鸭、猪、羊同用此法。

【评】古法蒸鸡中的原料嫩鸡是当年生的鸡或用笋鸡（40多天的小鸡）为好，其次它要二次调味，使菜更宜入味，口味醇香。（佟长有）

炉焙鸡

肥鸡，水煮八分熟，去骨，切小块。锅内熬油略炒，以盆盖定。另锅极热酒、醋、酱油相半，香料并盐少许烹之。候干，再烹。如此数次，候极酥极干取起。

【译】用肥鸡，水煮八分熟，去骨头，切成小块。锅里熬油稍炒一下，用盆盖好。起另一个锅用非常热的酒、醋、

①斯："撕"之误。

酱油各半，香料和盐少量，烹制鸡块。等干了，再烹制。这样反复多次，直到鸡块极酥极干才取出。

煮老鸡①

猪胰一具，切碎，同煮，以盆盖之，不得揭开，约法为度，则肉软而佳（鹅、鸭同）。或用樱桃叶数片（老鹅同）。或用饧糖两三块，或山查数枚皆易酥（鹅同）。

【译】用猪胰子一副，切碎，与老鸡一起煮，用盆盖上不要揭开，以约法为限度，则鸡肉软而味好（鹅、鸭相同）。或者用樱桃叶数片（老鹅相同），或者麦芽糖两三块，或者数个山楂，都容易酥软（鹅相同）。

【评】老鸡：何为老鸡？即生长400天以上或二年鸡龄。老鸡脚掌皮厚发硬甚至长茧，皮质粗糙，爪尖脚指甲角质较厚，煮老母鸡速烂方法为：⑴在宰杀时，先给老母鸡灌上一勺醋，过10分钟再宰杀；⑵在煮和炖老母鸡时放入半小碗黄豆，鸡烂得快，味道又增香；⑶可加红果数枚同炖煮。（佟长有）

饨鸭②

肥鸭治净，去水气尽。用大葱斤许，洗净，摘去葱尖，搓碎，以大半入鸭腹，以小半铺锅底。酱油一大碗、酒一中碗、醋一小杯，量加水和匀，入锅。其汁须灌入鸭腹，外浸起，

①煮老鸡：介绍使老鸡迅速熟烂的方法。

②饨鸭：应为“炖鸭”。饨为“炖”之误。

与鸭平（稍浮亦可）。上铺葱一层，核桃四枚，击缝勿令散，排列葱上，勿没汁内。大钵覆之，绵纸封锅口[1]。文武火煮三次，极烂为度。葱亦极美（即“葱烧鸭”）。

鸡、鹅同法。但鹅须加大料，绵缕包料入锅。

【译】肥鸭整治干净，把水气去尽，用大葱一斤左右，洗干净，摘掉葱头，搓碎，大部分填入鸭腹，小半铺在锅底。用酱油一大碗、酒一中碗、醋一小杯，酌量加水和匀，放到锅里。汁液要灌进鸭腹中，鸭的外面也要浸在调料之中，和鸭子持平了就行（稍浮出一些也可以）。上面铺上一层葱。核桃四个，核桃要从缝上敲开，但是不要把桃仁打碎，摆在葱上面，不要让它没入汁液里，然后用大钵盖上锅，用绵纸封住锅口，文火武火烧煮三遍，以鸭肉极熟烂为限度。葱的味道也非常美（“葱烧鸭”）。

鸡、鹅亦同此法。但鹅要加上大料，可用绵缕包大料入锅。

【评】近代的“虫草鸭子”“清炖贝母鸭”等就是此方法的延伸，而用绵缕纸封口，主要是防止蒸锅水进入菜肴影响口味，同时透过纸的干湿来判定菜品的成熟度。（牛金生）

让鸭[2]

鸭治净，胁下取孔，将肠杂取尽。再加治净精制猪油饼

①绵纸封锅口：用（浸湿的）绵纸封住锅口。这是古人常用的方法。

②让鸭：应为“瓤鸭”或“酿鸭”，读音则如“让”。

子剂[①]，入满。外用茴、椒、大料涂满。箬片包扎固，入锅。钵覆。同“饨鸭”法饨熟。

【译】鸭子整治干净，在肋下打一孔，把肠等杂碎掏尽。再加入整治洁净的精美猪肉饼子剂，填满鸭腹。外用茴香、花椒、大料涂满，用箬竹片包扎结实，放入锅里，用钵盖好。与“炖鸭”同一方法炖熟。

【评】让鸭，应为釀鸭。釀属于烹饪技法的一种，一般讲的是将水果或果蔬（如茄子、青椒以及豆腐）中间挖空，装入已调好口味的泥子料或肉馅。把嫩鸡、鸭、鱼、虾或海参加工好，放入切好的肉馅或泥子、什锦丁和其他原料，把㸌口封住，再用炸、蒸、扒等烹调方法，一直到熟的一种技法。

先人做此菜法相对简单，后人又经实践和发展较为加工细腻，酿料原料更加丰富，如当今的“八宝鸭”，是将肥壮宰杀治净的鸭脱骨，然后把笋丁、肉丁、火腿丁、栗子丁、鸡胗丁、冬菇丁、莲子、江米放碗内加绍酒、酱油、白糖、味精、白胡椒粉等拌好后装入鸭肚内，封好口，上屉蒸3小时。取出抹少许酱油，下油锅台炸成枣红色即可。脱骨鸭也可做成葫芦形，称“八宝葫芦鸭”，如不脱骨，鸭子背开，酿入同样的馅，也称“八宝鸭子”。（佟长有）

今天的“瓤鸭子”与古法没有本质的区别。（牛金生）

---

①疑为“猪肉饼子剂”之误。古代“酿鸭”常在鸭腹中酿入猪肉馅。用猪油馅极罕见。

坛鹅

鹅煮半熟，细切。用姜、椒、茴香诸料装入小口罈内，一层肉，一层料，层层按实。箬叶扎口极紧。入滚水煮烂。破罈，切食。

猪蹄及鸡同法。

【译】鹅煮成半熟，细切好，用姜、花椒、茴香等调料装到小口坛子里，一层肉一层料，层层都要按实。用箬竹叶把口扎得很紧。把坛子放到滚水里，把鹅肉煮烂。打破坛子，切着吃。

猪蹄和鸡同此方法。

【评】坛鹅，古人的做法比较简单，烹调方法为隔水炖，似与云南“汽锅鸡”相同，由于为隔水炖，其主料的鲜美味道在蒸的过程中丧失较少，原汁原味。（佟长有）

北方的“坛子肉”就是“坛鹅”的现代版。（牛金生）

封鹅

鹅治净，内外抹香油一层。用茴香、大料及葱实腹，外用长葱裹缠，入锡罐，盖住。罐高锅内，则覆以大盆或铁锅。重汤煮。俟筯扎入透底为度。鹅入罐。通不用汁。自然上升之气，味凝重而美。吃时再加糟油，或酱醋随意。

【译】鹅，整治干净，内外都用香油抹一层。用茴香、大料和葱装进肚子，外用长葱裹缠上，放到锡罐里，盖住。罐口要高出于锅口，再盖上大盆或者铁锅，用重汤煮。等到用筷子扎鹅能一下子扎透到底为适度。鹅装进罐子，不用加汁，凭自然上升的蒸汽蒸制，味道凝重而美妙。吃的时候再加上糟油，或酱或醋可以随意。

【评】封鹅的烹制方法就是利用套锅加热使蒸汽循环加热食品，名菜"汽锅鸡"与封鹅异曲同工。（牛金生）

制黄雀法

肥黄雀，去毛、眼净。令十许岁童婢以小指从尻[1]挖雀腹中物尽（雀肺若聚得碗许，用酒漂净，配笋芽、嫩姜、美料、酒、酱烹之，真佳味也。入豆豉亦妙），用淡盐酒灌入雀腹洗过，沥净。一面取猪板油，剥去筋膜，捶极烂，入白糖、花椒、砂仁细末、飞盐少许，斟酌调和，每雀腹中装入一二匙，将雀入磁钵，以尻向上，密比[2]藏好；一面备腊酒酿、甜酱油、葱、椒、砂仁、茴香各粗末，调和成味。先将好菜油热锅熬沸，次入诸味煎滚，舀起，泼入钵内。急以磁盆覆之。候冷，另用一钵，将雀搬入，上层在下，下层在上，仍前装好。取原汁入锅，再煎滚，舀起，泼入，盖好。候冷，再如前法泼一遍。则雀不走油而味透。将雀装入小罈，仍以原汁灌入，包好。若即欲供食，取一小瓶，重汤煮一顷，可食。如欲久留，则先时止须泼两次。临时用重汤煮数刻便好。雀卤留顿蛋或炒鸡脯，用少许，妙绝。

【译】肥黄雀，去掉毛、眼睛，收拾干净。让十来岁的

---

①尻（kāo）：古书指臀部，此指黄雀的肛门。

②密比：紧密排列。

小孩用小手指从雀肛门挖出肚子里的东西，要挖净（雀的肺如果能积聚到一碗左右，可用酒漂净，配上笋芽、嫩姜、美味调料、酒、酱，烹制一下。真是美味极了。加入豆豉也好），用淡盐酒灌进雀腹清洗，沥干净。一面取猪板油、剥去筋膜，搥到极烂，加入白糖、花椒、砂仁细末、食盐少量，斟酌调和好，每个雀腹中装进一二匙，把雀装入瓷钵，肛门向上，紧密排列装好；一面备好腊酒酿、甜酱油、葱、花椒、砂仁、茴香的粗末，调和成调味品，先用好菜油在热锅中熬滚沸，再把各调味品煎滚，舀出来，泼到钵里。立即用瓷盆盖上。到冷却了，另用一个钵，把雀搬进去，上层的放在下面，下层的放在上面，仍像以前那样装好。取来原汁放入锅里，再煎到滚沸，舀出来，泼到雀上，盖好，等冷却，再用前法泼一遍。这样，雀就不走油而味道甚香透。把雀装进小坛子里，还用原汁灌进去，包扎好。如果即刻就要食用，可取出一小瓶黄雀，用重汤煮一会儿，就可以吃了。如果要久留，就按照前面的做法只泼两次，临时用重汤煮几刻就好。雀卤可以留作炖蛋或炒鸡脯时，用一点，绝妙。

卵之属

糟鹅蛋

三白酒糟，用椒、盐、桔皮制就者，每糟一大罈，埋生鹅蛋二枚（多则三枚。再多，便不熟，味亦不佳）。一年黄、白浑，二年如粗砂糖（未可食），三年则凝实可供。

【译】三白酒的酒糟，用花椒、食盐、橘皮制成的，每一大坛糟，埋入生鹅蛋两个（多可三个，再多就不易熟，味道也不好）。一年后，蛋黄、蛋白就变浑了，二年后就像粗砂糖（还未能吃），三年后凝固结实就可供食用了。

百日内糟鹅蛋

新酿三白酒初发浆。用麻线络着鹅蛋，挂竹棍上，横挣酒缸口，浸蛋入酒浆内。隔日一看，蛋壳碎裂如细哥窑纹[①]，取起。抹去碎壳，勿损内衣。预制酒酿糟，多加盐拌匀。用糟搪蛋上，厚倍之[②]。入罈。一大罈可糟二十枚。两月余可供（初出三白浆时[③]，若触破蛋汁，勿轻尝。尝之辣甚，舌肿。酒酿糟后，拔去辣味，沁入甜味，佳）。

【译】新酿成的三白酒初发的酒浆。用麻线笼络着鹅蛋，挂在竹棍上，横放在酒缸口，把蛋浸入酒浆里。隔一天看，蛋

①细哥窑纹：细碎的哥窑产磁器上的纹。哥窑，宋代著名磁窑之一，在龙泉。传世的“宋哥窑”瓷，胎薄，色黑如铁，通称“铁骨”；釉面多有疏密不同的纹片，称为“百圾碎”。

②厚倍之：指糟的厚度比蛋的横径多一倍。

③初出三白浆时：指蛋刚刚从三白酒浆中取出来的时候。

壳碎裂如同哥窑磁器上的纹路，取出来，抹掉碎壳，不要损坏蛋的内衣。预先做好酒酿糟，多加些盐拌匀。把糟涂抹到蛋上，厚度为蛋横径的一倍。装入坛子。一大坛可以糟二十个蛋。两个多月可以食用（蛋初从三白酒浆中取出来时，如果触破蛋衣见到汁液，不要轻率地品尝，其味辣得很，会使舌头肿起来。酒酿糟过以后，拔除辣味，沁入甜味，味道才好）。

酱煨蛋

鸡、鸭蛋煮六分熟，用筯击壳细碎，甜酱搀水，桂皮、川椒、茴香、葱白一剂下锅煮半个时辰，浇烧酒一杯。

鸡、鸭蛋同金华火腿煮熟，取出，细敲碎皮，入原汁再煮一二炷香，味甚鲜美。

剥去壳薰之更妙。

【译】鸡、鸭蛋，煮六分熟，用筷子击打外壳使之细碎，与甜酱掺水、桂皮、川椒、茴香、葱白一起下锅，煮半个时辰，浇上一杯烧酒。

鸡、鸭蛋同金华火腿一起煮熟，取出来，将外皮细细的敲碎加入原汁再煮一二炷香时间，味道很鲜美。

剥去外壳薰制则更好。

【评】酱煨蛋好似今天的茶鸡蛋。由于目前调味品比以前更加丰富，所以古人做法中与鸡、鸭、金华火腿同煮的过程去掉了，节约了食材和时间。

茶鸡蛋的做法：主要为卤的烹调方法。卤汤配伍香料为：

桂皮、小茴香、大料（八角）、茶叶、菊花，酱油、盐、水适量。把以上原料先入锅煮15～20分钟，也可把香料入纱布袋内煮。把鸡蛋煮熟，将蛋壳敲出裂痕，再放入卤汁同煮片刻，泡在汤中随吃随用。（佟长有）

蛋腐

凡顿鸡蛋须用一双筯打数百转方妙。勿用水，只以酒浆、酱油及提清鲜汁或酱烧肉美汁调和代水，则味自妙。

入香蕈、虾米、鲜笋诸粉更妙。

顿时架起碗底，底入水止三四分。上盖浅盆，则不作蜂窠。

【译】炖鸡蛋羹，必须用一双筷子把蛋液旋打数百转才好。不要加水，只用酒浆、酱油和提清的鲜汁或者酱烧肉的美味汤汁调和来代替水，味道自会美妙。

里面加入香蕈、虾米、鲜笋各种粉末更好。

炖的时候，要架碗底，碗底只入水三四分，上盖浅盆，蛋羹就不会出现蜂窝状。

【评】蛋腐，即鸡蛋羹之类菜品。其名以南方温州的说法为多，北方多称鸡蛋羹。另外，南方有些地方做蛋腐以豆腐、皮蛋（松花蛋）加葱花、蒜末、酱油、味精、芝麻酱、精盐和花椒油拌匀装盘。真正的蒸蛋腐（鸡蛋羹）要想不出蜂窝应用50℃的温水，兑入打匀的蛋液中。（佟长有）

蛋腐之法就是今天食品工业生产的“日本豆腐”。体现

在餐饮业的产品则是“蒸水蛋”和加上香蕈等辅料的百花蛋羹。（牛金生）

食鱼子法

鲤鱼子，剥去血膜，用淡水加酒漂过，生绢沥干，置砂钵。入鸡蛋衁[①]数枚（同白用亦可）。用锤擂碎，不辩颗粒为度（加入虾米、香蕈粉炒）。胡椒、花椒、葱、姜研末，浸酒，再研，澄去料渣，入酱油、飞盐少许，斟酌酒、酱咸淡、多少，拌匀，入锡镟蒸熟，取起，刀划方块。味淡，量加酱油，抹上，次以熬熟香油抹上。如已得味，止抹熟油。松毬[②]、荔子壳为末薰之。

蒸熟后煎用亦妙。

【译】鲤鱼子，剥去血膜，用淡水加酒漂洗过，以生绢沥干，放入砂钵里。加进鸡蛋黄数个（同鸡蛋白一起用也可以）。用锤子把鱼子敲碎，以分辨不出颗粒为限度（加进虾米、香蕈粉为好）。胡椒、花椒、葱、姜研成末，浸泡到酒里，再研磨，然后澄去料中的渣滓，加入酱油、食盐少量，斟酌酒、酱的咸淡、多少，拌均匀，连同鱼子放在锡镟上蒸熟，取下来，用刀划成方块。如果味淡，酌量加酱油抹上，再用熬熟的香油抹上。如果已得到了鱼子鲜味，停止抹熟油，并以松球、荔枝壳的末来薰制。

---

①鸡蛋衁：“衁”，即血液。此处则引申为鸡蛋黄之意。

②松毬：即“松球”，又叫“松实”“松元”。为松树的果实。

蒸熟以后煎了食服用也很好。

皮蛋

鸭蛋百枚，用盐十两。先以浓茶泼盐成卤，将木炭一半，荞麦稭灰、柏枝灰共一半和成泥，糊各蛋上。一月可用。清明日做者佳。

鸭蛋秋冬日佳。以其无空头也。夏月蛋总不堪用。

【译】鸭蛋一百个，用盐十两。先用浓茶泼盐做成卤。把木炭灰一半和荞麦秸灰、柏枝灰共一半和成泥，糊到各个蛋上。一个月即可食用。清明日这一天做的更好。

鸭蛋以秋冬季为好，因为没有空头。夏季产的蛋总是不能用的。

【评】皮蛋，又叫松花蛋、变蛋，是我国传统的风味蛋制品，不仅为国内广大消费者喜爱，在国际市场上享有盛名。可成菜“姜汁松花”“皮蛋瘦肉粥”等。（佟长有）

腌蛋

先以冷水浸蛋一二日。每蛋一百，用盐六、七，合调泥，糊蛋入缸。大头向上。天阴易透，天晴稍迟。远行用灰盐，取其轻也。

腌蛋下盐分两：鸡蛋每百用盐二斤半，鹅蛋每百盐六斤四两，鸭蛋每百用盐三斤十二两。

【译】先用冷水浸泡蛋一两天。每一百个蛋，用盐六七斤，与泥调和，将蛋糊起来，放入缸中。大头向上。天阴时容易腌透，天晴就慢一些。要向远地运，可以用灰盐来涂，因为比较轻一些。

腌蛋下盐的分量：鸡蛋每百个用盐二斤半；鹅蛋每百个用盐六斤四两；鸭蛋每百个用盐三斤十二两。

肉之属

蒸腊肉

腊猪肘洗净，煮过，换水又煮，又换，凡数次。至极净、极淡，入深锡旋，加酒浆、酱油、花椒、茴香、长葱蒸熟。陈肉而别有鲜味，故佳。蒸后易至还性，再蒸一过，则味定。

凡用椒、茴，须极细末，量入。否则，止用整粒，绵缕包，候足，取出。最忌粗屑。

煮陈腊肉，油哮气者[①]，将熟，以烧红炭数块淬入锅内，则不油蒨[②]气。

【译】腊猪肘，洗净，煮过，换水又煮，再换，换煮多次。到极干净极淡时，放进深的锡镟里，加入酒浆、酱油、花椒、茴香、长葱，蒸熟。虽然是陈的腊肉却别有鲜美味道，所以很好。蒸了以后，还容易返还原性，再蒸一次，味道就固定了。

凡是用花椒、茴香，必须是非常细的末，适量加入。不然，只有整粒，那就要用绵缕包起来，等花椒、茴香的味道完全进到腊肉里了，再取出。最忌讳粗屑。

煮陈腊肉时，渗出的油多一些和不断泛出气泡气味不好的话，到快要熟时，用烧红的炭几块投进锅里，可以除去其哈喇味。

---

①油哮气者：疑指腊肉的油渗出过多，不断泛出气泡，气味不好。

②蒨（qiàn 倩）：同“茜”。油蒨气，似指哈喇味。

金华火腿

用银簪透入内，取出，簪头有香气者真[1]。

腌法：每腿一斤，用炒盐一两（或八钱）。草鞋搥软，套手（恐热手着肉则易败），止擦皮上，凡三五次，软如绵，看里面精肉盐水透出如珠为度。则用椒末揉之，入缸，加竹栅，压以石。旬日后，次第翻三五次，取出，用稻草灰层叠叠之。候干，挂厨近烟处，以柴烟薰之，故佳。

【译】用银簪扎透到肉里，取出来，簪头有香气是真金华火腿。

腌制方法：每一斤腿，用炒盐一两（或八钱）。把草鞋搥软，套在手上（恐怕热手碰到肉容易腐败了），只擦皮上，擦到三五次，使猪腿皮像绵一样柔软，看里面的精肉有盐水透出来，以小珠为限度。再用花椒末揉搓，放到缸里，加上竹栅，再压上石头。十来天后，依次翻转三五回，取出来，用稻草灰一层层叠上，等干了，挂在厨房靠近有烟的地方，用松柴烟经常薰着，所以味好。

【评】火腿的检验方法，今天依然适用，只是竹签代替了银簪。检验时要将竹签插入火腿的三个关节部位的肌肉最厚处，拔出迅速嗅其气味，要求三签要有腊肉香气，绝不能有异味腥臭。（牛金生）

①此句为介绍辨别金华火腿真假的方法。

腌腊肉

每肉一斤，盐八钱，擦透。三日倒叠一次。二旬后用醋同腌菜卤煮熟。候干，洗净，挂起晾干。妙。

【译】每一斤肉，用盐八钱，擦透肉。三天倒放一次。二十天以后，用醋与腌菜的卤一起把肉煮熟。等到表面干爽，再洗干净，挂在通风处晾干。味很好。

腊肉

肉十斤，切作二十块。盐八两、好酒二斤，和匀，擦肉，令如绵软。大石压十分干。剩下盐、酒调糟涂肉，篾穿，挂风处。妙。

又法：肉十斤。盐二十两，煎汤，澄去泥沙，置肉于中。二十日取出，挂风处。

一法：夏月腌肉，须切小块，每块约四两。炒盐洒上，勿用手擦，但擎钵颠簸[1]，软为度。石压之，去盐水，干。挂风处。

一法：腌就小块肉，浸菜油罈内，随时取用。不臭不虫，经月如故。油仍无碍。

一法：腊腿腌就，压干，挂土穴内，松柏叶或竹叶烧烟薰之。两月后，烟火气退，肉香妙。

【译】肉十斤，切成二十块。盐八两、好酒二斤，调和

①但擎钵颠簸：（把小块肉放在钵里，洒上盐），只要拿着钵不断颠簸（就起到用手擦肉的作用了）。

均匀，用来擦肉，使肉如绵一般软。再用大石头压到十分干，剩下的酒盐调酒糟涂抹肉，把肉用竹篾穿起来，挂在通风处。非常好。

方法二：肉十斤。盐二十两煎汤，澄掉泥沙，再把肉放进去，二十天取出来，挂在通风的地方。

方法三：夏季腌肉，必须切成小块，每块大约四两。小肉块放在钵里，洒上炒盐，不用手擦只须拿钵颠簸就可以了，以肉软为准。用石头压，除去盐水，挂在通风处晾干。

方法四：腌成的小块肉，浸入菜油坛子里，随时可以取用。这种肉不臭不生虫，一个月后还如当初一样。菜油仍然不受影响。

方法五：腌成的腊猪腿，压干，挂在土洞里，用松柏叶或竹子叶烧烟薰制。两个月之后，烟火气味退了，肉很香，很好。

千里脯

牛、羊、猪、鹿等同法。去脂膜净，止用极精肉。米泔浸洗极净，拭干。每斤用醇酒二盏，醋比酒十分之三。好酱油一盏，茴香、椒末各一钱，拌一宿。文武火煮干，取起。炭火慢炙，或用晒。堪久。尝之味淡，再涂酱油炙之。或不用酱油，止用飞盐四五钱。然终不及酱油之妙。并不用香油。

【译】牛、羊、猪、鹿等可用同一个方法。把脂肪粘膜之类去净，只用极精肉。用米泔水浸泡洗到极干净，擦干了。

每斤用醇酒二杯，所用醋为酒的十分之三。好酱油一杯，茴香、花椒末各一钱，搅拌放一夜。用文火武火煮到水干，取出来，用炭火慢慢烧烤，或者用晒的办法。能长久储藏。尝着味淡，再涂上酱油烧烤。或者不用酱油只用食盐四五钱，但终究不如用酱油好。并不需用香油。

牛脯

牛肉十斤，每斤切四块。用葱一大把，去尖，铺锅底，加肉于上（肉隔葱则不焦，且解羶）。椒末二两、黄酒十瓶、清酱二碗、盐二斤（疑误。酌用可也[①]），加水，高肉上四五寸，覆以砂盆，慢火煮至汁干取出。腊月制，可久。

再加醋一小杯。

“兔脯”同法。加胡椒、姜。

【译】牛肉十斤，每斤切成四块。用葱一大把，去尖，铺在锅底，把肉加在上面（肉有葱相隔就不会焦，而且解羶味）。花椒末二两、黄酒十瓶、清酱两碗、盐两斤（疑有错误，可以斟酌使用），加水，要高于肉上四五寸，盖上砂盆。慢火煮到汁干取出来。腊月制成的，可以久放。

再加醋一小杯。

“兔脯”也用这个方法，需加胡椒、姜。

---

①疑误，酌可用也：对调料用量上怀疑有错误，但斟酌适量取用还是可以的。说明“牛脯”条是转录而来，故作者产生疑问。

鲞肉

宁波上好淡白鲞，寸剉[1]，同精肉炙干，上篓。长路可带。

【译】宁波产的上好白鲞，切削成寸段，同精肉一起烤干，装篓。旅行路途遥远可以携带。

【评】鲞肉一般为浙江地区的美味，包括沿海地区（如象山、台州等地）。鲞肉多以鱼类为主要原料，如用河豚鱼、黄鱼做鲞肉。肉先煨烂，放入鲞肉同煨，当鲞肉熟即可食用。冬日谓之鲞冻肉，为浙江绍兴地方传统名菜，也是除夕民间“分岁”时必备的菜品之一。此菜由文火细煮而成，咸鲜合一，鲜香酥糯，油而不腻，别有风味。

黄鱼鲞烧肉做法：黄鱼鲞一尾，五花肉500克，油适量，葱、姜、料酒、酱油、白糖适量；把黄鱼泡入水中洗净、去鳞；五花肉切2厘米的长条，再切成块；先坐锅煸肉去水分，下葱、姜加料酒、白糖炒上色倒入开水；把鱼切成段，放油锅中煸炸黄；锅中肉烂时放入炸好的黄鱼段小火慢烧，见汁少时即可食用。（佟长有）

肉饼子

精猪肉，去净筋膜，勿带骨屑，细切，剁如泥。渐剁，加水，并砂仁末、葱屑，量入酒浆、酱油和匀，做成饼子。入磁碗，上覆小碗，饭锅蒸透熟，取入汁汤，则不走味，味足而松嫩。如不做饼，只将肉剂用竹箬浸软包数层，扎好，置酒饭甑内。

①寸剉：即寸锉。切削成寸长的段。“剉”同“锉”。

初湿米上甑时，即置米中间蒸透取出。第二甑饭，再入蒸之，味足而香美。或再切片油煎亦妙。

【译】精猪肉，把筋膜去干净，不要带有骨头渣。细切好，剁成泥。要一边剁，一边加水和砂仁末、葱花，适量加入酒浆、酱油和匀，做成饼子。装入瓷碗，上盖小碗，用饭锅蒸到透熟。取出加进汁汤就不走味了，味道足又松嫩。如果不做饼，只把肉剂用浸软的箬叶包上几层，扎好，放在酒饭甑里。湿米刚上甑的时候，放在米中间，蒸透了取出来。第二次用甑蒸饭的时候，再加进去蒸。味道十足而香美。或者切片油煎吃也很好。

套肠[1]

猪小肠肥美者，治净，两条套为一条。入肉汁煮熟。斜切寸断，伴以鲜笋、香蕈汁汤煮供。风味绝佳，以香蕈汁多为妙。

煮熟。腊酒糟糟用亦妙。

【译】肥美的猪小肠，收拾干净，两条肠套成一条。放到肉汁里煮熟。斜着切成寸段，伴上鲜笋、香蕈汁汤煮出来供食，风味绝佳。以香蕈汁多为好。

套肠煮熟，用腊酒糟槽好食用也好。

【评】套肠这一道较古老的菜，至今仍然存在。

做法如下：猪小肠里外两侧用干淀粉、醋、盐抓洗干净；洗净后翻过，剪成一尺长小条，将肠一头往另一头塞，不断

---

①套肠：这是古代一种名菜。

往里套；高压锅放水没过主料，加料酒、姜、葱压15分钟即可成圆镯形套肠，卤、酱后切片可食。套肠在福建莆田为古时美食品种。（佟长有）

骑马肠

猪小肠、精制肉饼生剂，多加姜、椒末，或纯用砂仁末。装入肠内，两头扎好。肉汤煮熟，或糟用或下汤俱妙。

【译】猪小肠、精制的肉饼生剂子，多加一些姜、花椒末或纯用砂仁末，装进猪小肠里，把两头扎好，放入肉汤中煮熟。或者糟用，或者下汤用，都很好。

薰肉

紫甘蔗皮，晒干，细剉，薰肉，味甜香美，皮冷终脆不硬，绝佳。

柏枝薰之亦妙。

【译】紫甘蔗皮，晒干，细削成末，用来薰肉，肉的味道甜香美妙，薰肉的皮凉后而酥脆不硬，非常好吃。

用柏树枝薰制也很不错。

川猪头

猪头治净，水煮熟，剔骨切条。用砂糖、花椒、砂仁、桔皮、好酱拌匀，重汤煮极烂。包扎。石压，糟用。

【译】猪头整治干净，用水煮熟。剔去骨头切成条。用砂糖、花椒、砂仁、橘皮、好酱拌匀，用汤水煮到极烂。包扎好，石头压住，糟后食用。

【评】卤猪头膏、酱肘花就是“川猪头”的继承和发展。只是现在的工艺是先卤熟，后拆骨，修正好，再定型。（牛金生）

小暴腌肉

猪肉切半斤大块，用炒盐，以天气寒热增减椒、茴等料并香油，揉软，置阴处凉着，听用。

【译】猪肉切成半斤的大块，用炒盐，根据天气冷热增减花椒、茴香等调料的使用，再加上香油，揉软了，放在背阴地方晾着，备用。

【评】这种腌肉的方法演绎出了今日的“家乡咸肉”，西式的叫培根。（牛金生）

煮猪肚肺

肚肺最忌油。油爆纵熟不酥，惟用白水、盐、酒煮。

煮肚略投白矾少许，紧小堪用①。

【译】猪的肚和肺，最忌讳油。用油爆做出来的肚和肺，即使熟了也不酥软，只有用白水、盐、酒来煮才行。

煮肚投入少许白矾，使其紧缩变小但很好吃。

【评】烹制内脏的正确方法是先煮熟，再烹制，用现在的烹调方法解释就是“熟炒”。（牛金生）

①紧小堪用：指猪肚收缩变小了但很有吃头。

煮猪肚

治肚须极净。其一头如脐处，中有积物，要挤去，漂净，不气。盐、水、白酒煮熟。预铺稻草灰于地，厚一二寸许，取肚乘热置灰上，瓦盆覆紧。隔[①]，肚厚加倍。入美汁再煮烂。

一法：以纸铺地，将熟肚放上，用好醋喷上，用钵盖上。候一二时取食，肉厚而松美。

肚脏用砂糖擦，不气。

【译】收拾肚子必须极干净，它一头像脐眼的地方当中有积下的秽物，要挤掉、漂洗干净，才不至于有腥臊味。用盐、水、白酒煮熟，预先铺稻草灰在地下，厚一二寸，肚煮好，趁热放在灰上，用瓦盆盖紧。隔一夜，肚的厚度加倍。加入美味汁液再煮烂。

另一方法：用纸铺地，把熟肚放在上面，用好醋喷过，盖上钵，等一二个时辰取出食用，肉厚而松美。

肚脏可用砂糖擦洗，没有臊气。

【评】收拾猪的肠子（或肚），最简便的方法是：生料加入醋、盐反复抓掐几次，然后再用面粉揉搓，净水中冲干净即可加工烹调。（佟长有）

肺羹

猪肺治净，白水漂浸数次。血水净，用白水、盐、酒、葱、椒煮，将熟，剥去外衣，除肺管及诸细管，加松仁、鲜笋，

①隔：隔夜。缺一“夜”字。

切骰子块，香蕈细切，入美汁煮。佳味也。

【译】猪肺整治干净，用白水漂洗多次，血水除尽。用白水、盐、酒、葱、花椒煮到将熟时，剥去外衣，除掉肺管和各个细管，加入松子仁、鲜笋，切成骰子块，加入细切的香蕈，放入美味汁汤里再煮。味道也很好。

【评】肺的初步加工一定用水将肺管及肺叶血水冲净，现在可以将整个肺管插入水龙头上冲净为止，使肺叶膨胀冲白为好。

中医讲二十四节气中秋分至小雪，地气和天气都是燥的，燥而伤肺，肺气不降会出现干咳、口干。所以建议人们多吃些肺的食品或菜肴，如“白汤银肺”“百合木瓜清肺羹”“银耳肺羹”等，羊肺也可同以上方法炖制。（佟长有）

文中所述的猪肺洗涤加工和成菜方法即是今天的“灌水冲洗法”和“奶汤白肺”的烹制方法。（牛金生）

夏月煮肉停久

每肉五斤，用胡荽子一合、酒醋各一升、盐三两、葱、椒，慢火煮，肉佳。置透风处。

一方：单用醋煮，可留十日。

【译】肉五斤，用胡荽子一合、酒、醋各一升、盐三两、葱、花椒，慢火煮。肉煮好了，放在透风地方。

另一方法：只用醋煮，可以存留十天。

收放薰肉

大缸一个，洁净，置大坛烧酒于缸底，上加竹篾，贮肉篾上，纸糊缸口。用时取出，不坏。

【译】大缸一个，要洁净的，放一大坛烧酒在缸底部，上面加上竹篾，把肉贮放在篾上，用纸糊住缸口。用的时候取出来，不会坏掉。

爨[1]猪肉

精肉切片，干粉揉过，葱、姜、酱油、好酒同拌，入滚汁爨，出再加姜汁。

【译】精肉切成片，用干粉揉过，葱、姜、酱油、好酒一起搅拌，在滚沸的汤里一过，取出后再加姜汁。

【评】爨猪肉的烹调方法应为汆，如汆里脊片、黄瓜、冬瓜汆丸子。汆菜一般为汤或半汤菜。（佟长有）

爨肉方法延伸成了今日的“三色鱼丸”“川三片”等。（牛金生）

肉丸

纯用猪肉肥膘，同干粉、山药为丸，蒸熟或再煎。

【译】用纯的猪肉肥膘，同干粉、山药和成丸，蒸熟或者是再用油煎。

①爨（cuàn）：一种烹调方法。即把切得很薄或很细的原料，在沸汤中一过使其成熟。

骰子块

（陈眉公[①]方）

猪肥膘，切骰子块。鲜薄荷叶铺甑[②]底，肉铺叶上，再盖以薄荷叶，笼好，蒸透。白糖、椒盐掺滚。畏肥者食之亦不油气。

【译】猪肥膘，切成肉丁块状大小。用鲜薄荷叶铺在甑底部，肉铺在叶上，再盖上薄荷叶，笼好，蒸透。白糖、椒盐掺进，把肉块滚动一番。怕吃肥腻的人吃着也不觉得油腻。

肉生法

精肉切薄片，用酱油洗净，猛火入锅爆炒，去血水，色白为佳。取出，细切丝，加酱瓜丝、桔皮丝、砂仁、椒末沸熟，香油拌之。临食，加些醋和匀，甚美鲜。笋丝、芹菜焯熟同拌，更妙。

【译】精肉，切成薄片，用酱油洗干净，以猛火在锅里爆炒，去掉血水，颜色白的为好。取出后切成细丝，加上酱瓜丝、橘皮丝、砂仁、花椒末煮熟，用香油拌过。临吃时再加些醋拌匀，很鲜美。笋丝、芹菜焯熟一起拌，更好。

炒腰子

腰子切片，背界花纹[③]，淡酒浸少顷，入滚水微焯，沥起，

---

①陈眉公：陈继儒（1558-1639年），明代文学家、书画家。字仲醇，号眉公、麋公。华亭（今上海松江）人。

②甑（zèng）：蒸饭用的木桶，有屉无底。

③背界花纹：在腰子片的后面划上花纹。

入油锅爆炒，加葱花、椒末、姜屑、酱油、酒，及些醋烹之，再入韭芽、笋丝、芹菜，俱妙。

腰子煮熟，用酒酿糟糟之亦妙。

【译】腰子，切成片，背面用刀划成花纹，用淡酒浸泡一会儿，在滚水里稍微焯一下，沥水后在油锅里爆炒，加上葱花、花椒末、姜屑、酱油、酒以及醋，烹一下，再加入韭菜芽、笋丝、芹菜，都很好。

腰子煮熟后，用酒酿糟来糟上也很好。

【评】这种方法今天依然是考量厨师功夫的菜品，不同之处在于有的地区烹制时不焯水，上薄浆，兑碗芡烹制时急火短炒速成，使成菜更脆嫩鲜香。腰子划刀焯熟用酒酿糟，即是今天的“鱼腮腰片”等。（牛金生）

炒羊肚

羊肚治净，切条。一边滚汤锅，一边热油锅。将肚用笊篱入汤锅一焯即起，用布包纽干，急落油锅内炒。将熟，如“炒腰子”法加香料，一烹即起，脆美可食。久恐坚韧。

【译】羊肚，收拾干净，切成条。一边设滚汤锅，一边设热油锅。将羊肚丝用笊篱盛着放进汤锅一焯就提起，用布包上拧干，即刻放入油锅里炒。将要熟时，如同“炒腰子”方法加香料。一烹即起，脆美可口，时间长了会坚韧难嚼了。

【评】炒羊肚：应为油爆肚仁。用这种方法烹制的菜肴就是“油爆肚仁”“火爆肚头”“酸辣肚尖”等地方名菜的前世。书中没交代清楚的关键是——加工羊、牛、猪肚时应撕去表皮，去除油筋，只取肚仁方能烹制，只有此法才能保持肚仁的脆嫩感。（佟长有）

夏月冻蹄膏

猪蹄治净，煮熟，去骨，细切。加化就石花[①]一二杯，入香料，再煮烂。入小口瓶内，油纸包扎，挂井内，隔宿破瓶取用（北方有冰可用，不必挂井内）。

【译】猪蹄，整治干净煮熟，去掉骨头，细切好。加上已溶化的石花菜一二杯，加入香料，再煮烂。装进小口瓶子里，用油纸包扎好，挂在井里，隔一天可以打开瓶子食用（北方有冰可用，不必挂在井里）。

【评】今天在先贤的启迪下，今人继承发扬光大了上述菜肴。比如，水晶鸭舌、水晶肘子等“冻子活”。只是现在将“石花菜”换成了肉皮，增强了凝结力，使菜肴变得更加柔嫩筋弹。（牛金生）

熏羹

纯用金华火腿皮（煮熟剥下），或薰。腫皮[②]切细条，配以香蕈、韭菜、鲜笋丝、肉汤下之，风味超然。

【译】完全用金华火腿的皮（煮熟剥下来），即可以薰制。火腿皮切成细条，配上香蕈、韭菜、鲜笋丝，用肉汤浇下，风味特别好。

①化就石花：溶化了的石花菜。石花，指石花菜，为起冻凝作用而加。

②腫皮：泛指火腿皮。火腿肘子部分叫“火膧”。腫，为“膧”之误。

合鲊

肉去皮切片，煮烂，又鲜鱼煮，去骨，切块。二味合入肉汤，加椒末各料调和（北方人加豆粉）。

【译】肉去皮切成片，煮烂。再把鲜鱼煮熟，去骨切块。把这二味合起来放到肉汤里，加入花椒末等各种调料调和（北方人加豆粉）。

柳叶鲊

精肉二斤，去筋膜，生用。又肉皮三斤，滚水焯过，俱切薄片。入炒盐二两、炒米粉少许（多则酸）拌匀，箬叶包紧。每饼[1]四两重。冬月灰火焙三日用，夏天一週时可供。

【译】精肉二斤，去掉筋和膜，用生的。又取肉皮三斤，用滚水焯过。都切成薄片。加入炒盐二两、炒米粉少量（多了会酸）搅拌均匀，用箬叶包紧，每个饼四两重。冬季用灰火烘烤三天可以食用，夏天烘烤一个时辰可食用。

酱肉

猪肉治净，每斤切四块，用盐擦过。少停，去盐，布拭干，埋入甜酱。春秋二三日，冬六七日取起。去酱，入锡罐，加葱、椒、酒，不用水，封盖。隔汤慢火煮烂。

【译】猪肉整治干净，每斤切成四块，用盐擦过。稍微停一会儿，去掉盐，用布擦干，埋到甜酱里。春秋埋二三日，冬天六七天取出。去掉酱，放入锡罐，加入葱、花椒、酒，

①饼：指肉片、肉皮片、盐、炒末粉拌和后用箬竹叶包成的饼。

不加水，封好罐口，放在汤里慢火煮，使肉熟烂。

【评】酱肉：文中所述的酱肉方法，南北方都在沿用，比如“太白酱肉”“清酱肉”等，但更为讲究。（牛金生）

造肉酱法

精肉四斤，勿见水，去筋膜，切碎，剁细。甜酱一斤半，飞盐四两，葱白细切一碗，川椒、茴香、砂仁、陈皮为末各五钱。用好酒合拌如稠粥，入坛封固。烈日晒十余日。开看，干加酒，淡加盐，再晒。

腊月制为妙。若夏月，须新宰好肉，众手速成[1]，加腊酒酿[2]一盅。

【译】精肉四斤，不要沾水，去掉筋膜，切碎剁细。用甜酱一斤半，食盐四两，切细的葱白一碗，川椒、茴香、砂仁、陈皮研为末各五钱。用好酒拌合成稠粥样。全部装进坛子牢固封口。在烈日中晒十多天。打开看，如果干了加酒，淡了加盐。封好再晒。

腊月做肉酱最好。如果是夏季，必须是新屠宰的好肉，许多人动手迅速把酱肉做成，还要加入腊酒酿一杯。

灌肚

猪肚及小肠治净。用晒干香蕈磨粉，拌小肠，装入肚内，缝口。入肉汁内煮极烂。

①众手速成：指要许多人一齐动手迅速把酱肉做成。

②腊酒酿：腊月制成的酒酿。

又肚内入莲肉、百合、白糯米亦准。

薏米有心，硬，次之。

【译】猪肚和小肠，收拾干净。用晒干的香蕈磨粉，与小肠拌匀，装进肚内，缝上口。放入肉汁里煮到极烂。

另外，肚内加入莲肉、百合、白糯米也可以。

薏米有硬心，做肚馅差一些。

【评】灌肚的做法似今日罗汉肚，此菜初步加工为釀法，后法为酱制，吃时切片入盘。（佟长有）

是现在冷荤中“罗汉肚”“梅花肠儿”的前身。（牛金生）

熟鲊

猪腿精肉切大片，以刀背匀搥三两次，再切细块，滚汤一焯，用布纽干。每斤入飞盐四钱，砂仁、椒末各少许，好醋、熟香油拌供。

【译】猪腿精肉切成大片，用刀背均匀地搥击三两遍，再切成细块，用滚汤一焯，用布扭干。每一斤加入食盐四钱，砂仁、花椒末各少量，好醋、熟香油拌过食用。

罈羊肉

与“罈鹅”同法。

【译】与“坛鹅”同一方法。

煮羊肉

羊肉，热汤下锅，水与肉平。核桃五六枚，击碎，勿散开，排列肉上，则羶气俱收入桃内。滚过，换水调和。

煮老羊肉同瓦片及二桑叶煮，易烂。

【译】羊肉，在热汤中下锅，水和羊肉在同一水平线。核桃五六个，击碎，不要散开，摆列到肉片上，则羶气全收到核桃里。锅中水沸腾过之后，另外换水，加入调味品，再煮羊肉。

煮老羊肉，和瓦片以及二片桑叶一起煮，容易烂。

【评】所谓“煮羊肉”就是“清炖羊肉”。以前用核桃除膻，现在变成了萝卜，即萝卜羊腩。（牛金生）

蒸羊肉

肥羊治净，切大块，椒盐擦遍，抖净，击碎核桃数枚，放入肉内外，外用桑叶包一层，又用捶软稻草包紧，入木甑按实，再加核桃数枚于上，密盖，蒸极透。

【译】肥羊肉，收拾干净，切成大块，用椒盐擦一遍，再把椒盐抖干净。打碎核桃数个，放到羊肉里面外面，外用桑叶包上一层，再用捶软的稻草包紧，放入木甑按结实，再放若干核桃在上头，盖上密封，蒸到熟透为止。

【评】文中所述均以清蒸烹调方法制作。现代人做清蒸羊肉同古方，不加酱油，色泽清彻不混，口味鲜咸，营养丰富。制作清蒸羊肉原料为：羊肉 500 克，生山药或白萝卜适量，鲜汤 400 克，枸杞、绍酒各 15 克，姜、味精、葱各适量，盐少许。

清蒸羊肉营养价值较高，属高蛋白、低脂肪，胆固醇含量少，对肺结核、气管炎、哮喘、贫血均有很大裨益。（佟长有）

蒸猪头

猪头去五臊[①]，治极净，去骨。每一斤用酒五两、酱油一两六钱，飞盐二钱，葱、椒、桂皮量加。先用瓦片磨光如冰纹，凑满锅内。然后下肉，令肉不近铁。绵纸密封锅口，干则拖水。烧用独柴缓火（瓦片先用肉汤煮过。用之愈久愈妙）。

【译】猪头，去掉五臊部位，整治到非常干净，去掉骨头。每一斤用酒五两，酱油一两六钱，食盐二钱，葱、花椒、桂皮酌量加入。先把瓦片磨成冰面一样光滑，摆放在锅里，然后下肉，主要是让肉不接触铁锅。用绵纸密封锅口，如果干了就拖水再封上。用独木柴慢火烧煮（瓦片先用肉汤煮过，用得愈长久愈好）。

兔生

兔去骨，切小块，米泔浸，捏洗净。再用酒脚浸洗，漂净，沥干。用大小茴香、胡椒、花椒、葱花、油、酒，加醋少许，入锅烧滚，下肉，熟用。

【译】兔子去掉骨头，切成小块，用米泔水浸泡，捏洗干净。再用酒渣滓浸泡，漂干净，沥干。用大小茴香、胡椒、

①五臊：指猪头上的不好气味，不宜食用的部分。如淋巴肉、舌膜、猪嘴尖等。

花椒、葱花、油、酒，加一点醋，放到锅里烧滚开，下肉煮熟食用。

熊掌

带毛者。挖地作坑，入石灰及半，放掌于内，上加石灰，凉水浇之。候发过，停冷取起，则毛易去，根即出[①]。洗净，米泔浸一二日，用猪油包煮，复去油，斯条，猪肉同顿。

一云熊掌最难熟透。不透者食之发胀。加椒盐末和面裹，饭锅上蒸十余次乃可食。或取数条同猪肉煮，则肉味鲜而厚。留掌条勿食，俟煮肉仍伴入，伴煮十数次乃食。留久不坏。

【译】带毛的熊掌，要挖地成坑，加进石灰到半截，把熊掌放进去，再加石灰，然后用凉水浇。等坑中烧沸之后，待冷却后取出，这样，毛就容易去掉，毛根也可拔出来。洗净后，用米泔水浸泡一二日，用猪油包起来煮，再去掉猪油，撕成条，与猪肉一起炖。

一种说法认为熊掌最难熟透，没熟透的吃了会发胀。加上椒盐末用面裹上，在饭锅上蒸十多次才能吃。也可以取数条熊掌同猪肉一起煮，这样肉味鲜而厚。可以留下掌条不吃，等煮肉时再相伴加进去，伴煮十数次才吃。可以长久留用也不会坏。

---

①根即出：毛根也可以拔出。

鹿鞭

（即鹿阳）

泔水浸一二日，洗净，葱、椒、盐、酒，密器[1]顿食。

【译】用米泔水浸泡一二日，洗净，连同葱、花椒、盐、酒，放入密器中炖熟食用。

鹿脯[2]

“牛脯”同法，只要治净及酒酱味好。

米泔水浸一二日。

【译】与“牛脯”同样做法。只要整治得干净，酒、酱的味道更好。

须先用米泔水浸泡一二日。

鹿尾

面裹，慢炙，熟为度。

“鹿髓”[3]同法。面焦屡换，羶去为度。

【译】用面裹起来，小火烤，以烤熟为准。

“鹿髓”也同此方法，面烤焦了可以屡次更换外面裹着的面再烤，直到把鹿髓的羶味去掉为准。

【评】鹿尾，音鹿“影儿”，为梅花鹿和马鹿的尾部。此物是难得的壮体滋补食物和药品。由于它比鹿茸稀少，所

①密器：密封的容器。

②鹿脯：鹿肉干。

③鹿髓：为鹿科动物梅花鹿或马鹿的骨髓或脊髓。味甘、性温。有补阳益阴、生精润燥的功用。

以被视为珍品。由于其珍贵难得，所以这里介绍一款小烧菜品，炸鹿尾，来代替真的鹿尾。其主要做法是：用猪肉末、鲜猪肝泥加入炒杏、松子，经调味，灌入经洗净、加工好的猪肠中，约 20 厘米一段系上绳，煮约 20 分钟，煮熟出锅切片再炸至金黄色即可捞出食用。（佟长有）

小炒瓜齑

酱瓜、生姜、葱白、鲜笋（或淡笋干）、茭白、虾米、鸡胸肉各停[①]，切细丝，香油炒供。诸杂品腥素皆可配，只要得味。

肉丝亦妙。

【译】酱瓜、生姜、葱白、鲜笋（或淡干笋）、茭白、虾米、鸡胸肉各一成，切成细丝，用香油炒制，供食用。各种杂品荤素都可以搭配，只要味道合宜就行。

肉丝搭配也很好。

【评】北京以六必居产甜酱瓜为上乘，春节北京人常做酱瓜鸡丁、肉丁等年儿菜。（佟长有）

老汁方

先将煮火腿汤五斤撇去面上油腻，加盐一斤、煮酒二注（三白亦可）[②]搅匀。再入大茴、桂皮各四两、丁香二十粒，花椒一两，甘松、山柰[③]不拘多少，总入一夏布袋内，放在

①各停：各一成，即十分之一。停也作“成数”解，一成也叫一停。
②注：即“注子”，古代酒器。用金、铜或磁制成，另有注碗，注子可以坐入注碗中。
①山柰（nài）：亦称“三奈”“沙姜”。地下有块状茎，有香气，可作香料，亦入药。

前汤内，与鸡、鸭同煮。如老汁及鸡、鸭略有臭气，加阿魏二釐[①]。

【译】先把煮火腿的汤五斤，撇去面上的油腻，加入盐一斤，煮两注子酒（三白酒亦可），搅均匀。再加入大茴香、桂皮各四两、丁香二十粒、花椒一两、甘松、山柰不限多少都加进去，这些全部装进一个夏布袋子里，放入前面说的汤里，与鸡、鸭一起煮。如果是老汁或鸡、鸭稍有臭气，可加阿魏二厘。

提清汁法

好猪肉、鲜鱼、鹅、鸭、鸡汁。用生虾捣烂和厚酱（酱油提汁不清），入汁内。一边烧火，令锅内一边滚泛来，掠去。下虾酱三四次，无一点浮油，方笊出虾渣，澄定为度。如无鲜虾，打入鸡蛋一二个，再滚，捞去沫，亦可清。

【译】好猪肉、鲜鱼、鹅、鸭、鸡汁。将生虾捣烂和入厚酱（酱油提汁不清），放入汁里。一边烧火，让锅里汁水滚沸向上边泛出浮沫，把浮沫掠去。下入虾酱三四次，汤汁里没有一点浮油了，用笊篱捞出虾渣，以汤汁澄清为准。如果没有鲜虾，打入鸡蛋一二个，汤汁再沸滚起来，捞去浮沫，也可以澄清。

【评】文中所述提清汁的方法发展到今天就变成了调制鸡清汤和鱼清汤及烹制“蛋奶素菜”的清汤方法了。（牛金生）

---

①阿魏：中药。味苦而辛，能解毒止臭。釐（lí），为厘的繁体字。重量单位。十毫为一厘，十厘为一分，十分为一钱，十钱为一两。

香之属

香料[1]

官桂、陈皮、鲜桔皮、良姜、干姜、生姜、姜汁、姜粉；

胡椒、砂仁、川椒、花椒、地椒、辣椒、小茴、大茴、草果；

荜拨、甘草、肉豆蔻、白芷、桂皮、红曲、神曲、甘松草、豆蔻、檀香。

凡烹调用香料，或以去腥，或以增味，各有所宜。用不得宜，反增拗味[2]，不如清真淡致为佳也。

白糖、黑砂糖、紫苏、葱、元、荽、莳萝、蒜、韭。

【译】官桂、陈皮、鲜橘皮、橙皮、良姜、干姜、生姜、姜汁、姜粉；胡椒、砂仁、川椒、花椒、地椒、辣椒、小茴、大茴、草果；荜拨、甘草、肉豆蔻、白芷、桂皮、红曲、神曲、甘松、草豆蔻、檀香。

烹调用的香料，或者用来去除腥味，或者用来增加香味，各有其所适合应用的地方。用得不得当，反而增加别扭的味道，还不如清真恬淡雅致更好。

白糖、黑砂糖、紫苏、葱、元荽、莳萝、蒜、韭。

【评】文中列举了许多带有芳香气味的药食两用的佐料，其中“檀香”香味怪异，今天已不多用。文中所用香

①本条记载大多为烹调中常用的香料。但像“辣椒”“红曲”“白糖”“黑砂糖”一类，并不能算作香料。

②拗味：别扭的味道。拗，原指固执、不随和。

料就是指“巴料”和“广料”两个不同地区卤货时常用的香辛料包。“巴”指四川，“广”指两广。（牛金生）

大料

大小茴香、官桂、陈皮、花椒、肉豆蔻、草豆蔻、良姜、干姜、草果（各五钱），红豆、甘草（各少许），各研极细末，拌匀，加入豆豉二合，甚美。

【译】大小茴香、官桂、陈皮、花椒、肉豆蔻、草豆蔻、良姜、干姜、草果（各五钱），红豆、甘草（各少量），各研成极细的粉末，拌匀，加进豆豉二合，很美。

减用大料[①]

马芹（即元荽）、荜拨、小茴香，更有干姜、官桂良，再得莳萝、二椒共[②]，水丸弹子[③]任君尝。

【译】马芹（即元荽）、荜拨、小茴香，更有干姜、官桂良，再将莳萝二椒一起用，水丸弹子任人品尝。

素料[④]

二椒配着炙干姜，甘划莳萝八角香，马芹杏仁俱等分，倍加榧肉更为强。

【译】二椒搭配着烤干姜，甘草莳萝八角香，马芹杏仁平均分好，加倍放入榧肉更为强。

---

①本条是一个歌诀，介绍简化的“大料”的制法。

②二椒共：花椒、辣椒这二椒与莳萝一起用。

③水丸弹子：上述香料水泛为丸。它们烧制出的菜肴可以任人品尝。

④素菜调料配制方法的歌诀。

牡丹油[1]

取鲜嫩牡丹瓣，逐瓣放开（叠则霉滑），阴干（日晒气走），不必太燥。陆续看八分干，即陆续入油（须好菜油）。油不必多，匀浸花为度。封罈。日晒，过三伏。去花滓。埋土七日（加紫草少许，色更可观），取供闺中泽发。

用擦久枯犀杯立闰。

【译】取鲜嫩牡丹瓣，逐瓣摊开（层叠放着花瓣就霉滑），阴干（太阳晒气味就走了），不必太干燥。陆续看着到八分左右干就好，就陆续放入油里（必须好菜油）。油不必多，以均匀浸泡到花为准。封好坛子。太阳晒，过了七十二小时，除去花的渣滓。埋在土里七天（加上紫草少量，颜色更可观）。取来供闺房里润泽头发用。

用这油擦长久枯旧的犀杯，立即光润。

玫瑰油

法与"牡丹油"同。

"桂油"同法，香更清妙，但脆发耳。

【译】方法与"牡丹油"相同。

"桂花油"也同法，香味更加清淡绝妙，只是会使头发发脆。

---

①牡丹油：是古代一种润发油，与烹饪无关。下面三条也与烹饪无关。

七月澡头

七月采瓜犀[①]。

面脂瓜瓤亦可作澡头。

冬瓜内白瓤澡面，去雀班（斑）。

【译】七月间采集瓜瓣，可以做面脂。

面脂瓜瓤也可以洗澡。

冬瓜内白瓤洗脸，可以去雀斑。

悦泽玉容丹

杨皮二两（去青留白）、桃花瓣四两（阴干）、瓜仁五两（油者不用），共为末。食后白汤服下，一日三服。欲白加瓜仁，欲红加桃花。一月面白，五旬手足俱白。一方有桔皮无杨皮。

【译】杨皮二两（去青色留白色）、桃花瓣四两（阴干）、瓜仁五两（有油的不用），一起研末。饭后用白水服下，一天服三次。想要皮肤白皙，加瓜仁，想皮肤红润加桃花。一个月面貌白，五十天手脚都变白。另一方法有橘皮没有杨皮。

种植[②]

麻麦相为。候麻黄艺麦，麦黄艺麻。禾生于枣，黍生于榆，大豆生于槐，小豆生于李，麻生于荆，大麦生于杏，小麦生于杨柳。

---

①瓜犀：瓜瓣。宗懔《荆楚岁时记》说："七月，采瓜犀以为面脂。即瓜瓣也。亦堪做澡豆。"

②本条为种植方面的事情，与烹饪无关。下面"黄杨"一条也与烹饪无关。

凡栽艺各趋其时。枣鸡口，槐兔目，桑圭黾眼，榆负瘤，杂木鼠耳。栗种而不栽，柰也、林檎也栽而不种。茶茗移植则不生，杏移植则六年不遂。

【译】麻和麦子交叉种植，等麻黄了就种麦，麦黄了就种麻。禾谷，在枣树出叶时发生，黍，在榆树出叶时发生，大豆，在槐树出叶时发生，小豆，在李树出叶时发生，麻在荆树出叶时发生，大麦，在杏树出叶时发生，小麦在杨柳出叶时发生。

凡是栽培的工艺要符合它们各自适宜的种植时间。枣鸡口、槐兔目、桑圭黾眼，橙负瘤，杂木鼠耳。栗子种而不栽。柰和，林檎，栽而不种。茶茗树移植则不能活，杏树移植则六年都不能长好。

黄杨

世重黄杨，以其无火。或曰：又水试之，沉则无火（老也）。取此木，必于阴晦夜无一星则伐之。为枕不裂，为梳不积垢(《埤雅》）。梧桐每边六叶。从下数，一月为一叶，闰月则十三叶。视叶小者，即知闰何月（月令广义）。宋人闰月，表梧桐之叶十三，黄杨之厄一寸（黄杨一年长一寸，闰年退一寸）。

【译】社会上重视黄杨，因为它没有火气。有的说：用水试验，沉没的就没有火气（树已经老了）。取此木，必须在阴晦的夜间没有一颗星辰时伐下。它做枕头不会出现裂痕，做梳子不积污垢（《埤雅》）。梧桐每边六个叶。从下数，一个月为一个叶，闰月就有十三个叶。看到叶子小的，就知道闰几月（《月令广义》）。宋人看闰月，表现在梧桐的叶有十三片，黄杨就后退一寸（黄杨一年长一寸，闰年退一寸）。

附录

汪拂云抄本

煮火腿

火腿生切片，不用皮骨，合汁生煮，或冬笋、韭芽、青菜梗心。用蛤蜊汁更佳。如无，即茭白、麻菇亦佳。略入酒浆、酱油。

【译】火腿生着切成片，去掉皮和骨。放在汤汁中烹煮。可以用冬笋、韭菜、青菜梗心作配菜。用蛤蜊汁更好。如果没有上述配菜，就是茭白、麻菇也很好。稍微加入些酒浆、酱油。

又法（煮火腿）

陈金腿约六斤者，切去腿。分作两方正块。洗净，入锅煮去油腻，收起。复将清水煮极烂为度。临起，仍用笋、虾作点，名“东坡腿”。

【译】陈的金华火腿约六斤重的，切去猪脚，分作两个方正的块，洗干净，放入锅里煮，除去油腻，然后收起来。再用清水煮到非常烂为准。到起出时，还是用笋、虾做点缀，名叫“东坡腿”。

熟火腿

火腿煮熟，去皮骨，切骰子块。用酒浆、葱末、鲜笋（或笋干）、核桃肉、嫩茭白，切小块，隔汤顿一炷香。若嫌淡，略加酱油。

【译】把火腿煮熟了，去掉皮骨，切成肉丁块状大小。用酒浆、葱末，鲜笋（或笋干）、核桃肉、嫩茭白切成小块，隔水炖一炷香的时间。如果嫌淡，稍加酱油。

糟火腿

将火腿煮熟，切方块。用酒酿糟糟两三日。切片取供，妙。夏天出路最宜。

【译】把火腿煮熟，切成方块。用酒酿糟糟上两三天。切成片供食用，很好。夏天外出带上最适宜。

又法（糟火腿）

将火腿生切骰子块，拌烧酒，浸一宿。后将腊糟同花椒、陈皮拌入罈。冬做夏开。临吃，连糟煨用[①]。即“风鱼”及上好腌鱼肉，亦可如此做。罈口加麻油，封固。

【译】把火腿生着切成肉丁状大小，用烧酒拌上，浸泡一夜。然后把腊糟同花椒、陈皮和火腿块一起拌入罈子里。冬季制作，夏季食用。临吃时，把火腿块连糟一起放在锅里烧一下然后食用。就是“风鱼”和上好的腌鱼肉，也可以这样做。罈子口要加浇麻油，密封结实。

辣拌法

熟火腿，拆细丝，同鱼翅、笋丝、芥辣拌，或加水粉、莲肉、

①连糟煨用：把火腿块连糟一起烧用。煨，原指放在火里烧，此处应为放在锅里烧。

核桃俱可。

【译】熟火腿，折成细丝，同鱼翅、笋丝、芥辣搅拌，或者加入水粉、莲肉、核桃都行。

顿豆豉

鲜肉煮熟，切骰子块，同豆豉四分拌匀，再用笋块、核桃、香蕈等配入煮，隔汤顿用佳。

【译】鲜肉煮熟，切成肉丁块状，同四分豆豉拌均匀，再用笋块、核桃、香蕈等配料放在锅里煮，隔着汤炖，食用味道好。

煮熏肿蹄

将清水煮去油烟气，再用鲜肉汤煮极烂为度。鲜笋、山药等俱可配入。

【译】用清水煮肿蹄，除去它的油烟气。再用鲜肉汤煮到极烂为准。鲜笋、山药等都可以配入同煮。

笋幢

拣大鲜笋，用刀搅空笋节。切肉饼加盐、砂仁拌匀，填入笋内。用竹片插口，放锅内，糖、酱、砂仁烧透，切段。用虾肉更妙，鸡亦可。

【译】挑选大个鲜笋，用刀搅空笋节。切肉饼加盐、砂仁拌匀，填进笋里。用竹子片插住笋口，放在锅里，再加上糖、酱、砂仁，烧透，再切成段。用虾肉填充更好，鸡肉也可以。

酱蹄

十一月中，取三斤重猪腿，先将盐腌三四日。取出，用好酱涂满,以石压之。隔三四日翻一转。约酱二十日取出。揩净，挂有风无日处，两月可供。洗净，蒸熟。俟冷切片用。

【译】十一月中旬，取三斤重的猪腿。先用盐腌三四天。取出后，用好酱涂满猪腿，用石头压上。隔三四天翻一次。大约酱上二十天，取出来，揩净上面的酱，挂在有风有阳光的地方。两个月以后可以供食用。要洗净，蒸熟，待冷却后切片食用。

肉羹

用三精三肥肉[1]煮熟，切小块，入核桃、鲜笋、松仁等。临起锅，加白面或藕粉少许。

【译】用五花肉，煮熟了，切成小块，加入核桃、鲜笋、松仁等同煮。临起锅的时候，加少量白面或藕粉。

【评】肉羹：文中所述肉羹制法，应是如今风行的“肉骨茶”。（牛金生）

辣汤丝

熟肉，切细丝，入麻菇、鲜笋、海蜇等丝同煮。临起，多浇芥辣。亦可用水粉。

【译】熟肉，切成细丝，加入麻菇、鲜笋、海蜇等丝一起煮。临起出时，多浇芥辣。也可以用水粉。

①三精三肥肉：指精肥相间的五花肉。

冻肉

用蹄爪，煮极烂（去骨），加石花菜少许，盛磁钵。夏天挂井中，俟冻取起。糟油蘸用，佳。

【译】用蹄爪，煮到极烂（去掉骨头）。加少量石花菜，盛到瓷钵里。夏天悬挂在井中，等到有些冻凝时取出来，在糟油中蘸着食用，味道很好。

百果蹄

用大蹄，煮半熟。勒开，挖去直骨，填核桃、松仁及零星皮、筋。外用线扎。再煮极烂，捞起。俟冻，连皮糟一日夜。切片用。

【译】用大蹄，煮到半熟。剖开，挖除骨头，填入核桃、松仁和零星的蹄皮、筋，外边用线扎实，再煮到极烂，捞出来，等到凝住了，连皮糟上一天一夜。切片食用。

琥珀肉

将好肉切方块，用水、酒各碗半，盐三钱，火煨极红烂为度。肉以二斤为率[①]。

须用“三白酒”。若白酒正[②]，不用水。

【译】把好肉切成方块，用水、酒各一碗半，盐三钱，文火慢慢炖到极红烂为限度。肉以二斤为准。

需要用“三白酒”。如果白酒味醇正，也可以不用水。

---

①为率：为准。

②若白酒正：疑为味道正。

蹄卷

腌、鲜蹄各半。俟半熟，去骨，合卷，麻线扎紧，煮极烂，冷切用。

【译】腌蹄、鲜蹄各一半，煮到半熟，去骨头，合卷在一起，外用麻线扎紧，再煮到极烂。冷却后切片食用。

【评】蹄卷：此菜在现在的江浙、上海还能见到，但变成了热菜“炖腌蹄”，蹄卷因工艺繁杂则转成了“肘卷”和硝肉。（牛金生）

夹肚

用壮肚，洗净。将碎肉加盐、葱、砂仁，略加蛋青[①]，缝口，煮熟。上下夹板，渐夹渐压，以实为妙。俟冷切片。或酱油，或糟油蘸用。

【译】用厚壮的肚，洗干净。把碎肉加上盐、葱、砂仁，纳入肚中，再略加些蛋清，缝上口，煮熟了。上下用板夹起来，渐渐增加压力，以压得紧实为好。等冷却后切成片，或蘸酱油，或蘸糟油食用。

【评】此菜原材料简单，后经厨师研发使夹肚内容更加丰富之后才称为罗汉肚，一肚内加入十几种原料，似十八罗汉，另外，罗汉肚成品鼓鼓囊囊形似大仁罗汉的样子而得名。制法：配料有猪肘头肉、板筋、猪肉皮、冬笋、水发冬菇、马蹄、豌豆、胡萝卜等用酱油、葱、姜、五香粉、盐、白糖、

① “将碎肉加盐”后，脱落“纳入肚中”一句。“蛋青”为应为“蛋清”。

香油、玉米粉等拌均匀入味；把腌好的料塞入洗净的猪肚内，猪肚大小决定塞多少原料；原料塞好后用白线封口；或蒸或煮至罗汉肚熟；约2小时出锅，后用重物压制；定形后入冰箱，食用前拆线切片上桌。罗汉肚是京菜、津菜和鲁菜里一款风味凉菜。（佟长有）

夹肚即是当今的“罗汉肚”“七彩肚”。（牛金生）

花肠

小肠煮半熟，取起。缠绞成段。仍煮熟。俟冷，切片，和汤用。

【译】小肠煮到半熟，取出来，缠绞成几段。再煮熟后，等冷却后，切成片，和汤食用。

脊筋

生剥外膜，肉汤煮。加以虾肉、鸭肉亦可。

【译】生的剥开外膜，把脊筋放进肉汤煮熟。加上虾肉、鸭肉也可以。

【评】脊筋：也称为（牛）板筋。（佟长有）

肺管

剥、刮极净，煮熟。切段，和以紫菜、冬笋，入酒浆、韭芽为妙。

【译】把肺管剥、刮到非常干净，煮熟了，切成段，和上紫菜、冬笋，加上酒浆、韭菜芽为最好。

羊头羹

多买羊头，剥皮煮烂。加酒浆、酱油、笋片、香蕈或时菜[①]等件。酱油不可太多。虾肉和入更妙。临起，量加姜丝。

【译】多买羊头，剥皮煮烂。加入酒浆、酱油、笋片、香蕈或时鲜蔬菜等几样。酱油不要太多。能加入虾肉就更好。羊头羹临起锅的时候，酌量加些姜丝。

羊脯

用精多肥少者。以甜酱油同酒浆加白糖、茴香、砂仁慢火烧。汁干为度。

【译】用精肉多肥肉少的羊蒲肉。用甜酱油同酒浆加上白糖、茴香、砂仁，慢火烧制，以汁液烧干为标准。

羊肚

熟羊肚，切细丝，同笋丝煮。加燕窝、韭芽等件。盛上碗时，加芥辣，以辣多为妙。略加姜丝亦可。

【译】熟羊肚，切成细丝，同笋丝一起煮。加入燕窝、韭菜芽等物件。盛到碗里的时候，加上芥辣，以辣多一些为好。略加些姜丝也可以。

煨羊

切大块，水酒各半，入坛。砻糖火煨极烂，取出。复去原汁，换鲜肉汤慢火重煮。随意加和头[②]。绝无羶气。

---

①时菜：时鲜的菜。时，有“当令”的意思。

②和头：配菜。

【译】羊肉切成大块，水和酒各占一半，连同羊肉装进坛子里。用砻糠火煨炖到极烂，取出来，去掉原汁，换上鲜肉汤用慢火重新再煮。随意加些配菜。绝对没有羶气。

【评】对于老韧性肉类、筋、腱等难以软烂的肉食品，通过微火长时间的炖煮一般要达到 3 ~ 4 小时，使之达到软烂香酥的程度，称为煨。原汤基本耗尽，成品带有浓汁，口味醇厚，越是老韧原料越好吃，别具风味。此煨羊原料应为筋头巴脑部位。（佟长有）

鹿肉

切半斤许大，漂四五日（每日换水），同肥猪肉和烧极烂。须多用酒、茴香、椒料。以不干不湿为度。

【译】切成半斤左右大的块，漂浸四五天（每天换水），同肥猪肉和起来烧到极烂。必须多用酒、茴香、花椒等佐料，煮到不干不湿为限度。

【评】鹿肉：补五脏，调血脉，壮阳益精，适用于肾阳不中导致的腰膝酸软。

鹿分布于东北、内蒙古、西北、西南、华南等地区。烹制鹿可以同其他原料同时加工，可以酱、熘、汆、烧、爆、炒、炖、焖等。烹制前鹿血较腥，必须反复用清水泡洗多次，焯水要用花椒水和黄酒，以期去腥。（佟长有）

又（鹿肉）

切小薄片，用汤。随用和头。味肥脆。

【译】切成小薄片，用汤煮，随意用配菜。味道肥美香脆。

又（鹿肉）

每肉十斤，治净。用菜油炒过，再用酒水各半、酱斤半、桂皮五两，煮干为度。临起，用黑糖、醋各五两，再炙干。加茴香、椒料。

【译】鹿肉十斤，整治干净。用菜油炒过，再用酒水各半、酱一斤半、桂皮五两，煮到汁干为准。临起锅的时候，用黑糖、醋各五两，再烤干。加上茴香、花椒等料。

鹿鞭

泡洗极净，切段。同腊肉煮。不拘蛤蛎、麻菇皆可拌。但汁不宜太浓，酒浆、酱油须斟酌下。

【译】泡洗到非常干净，切成段，同腊肉一起煮。不论蛤蜊、麻菇都可以伴食。但汁液不宜太浓，酒浆、酱油要斟酌下入。

鹿筋

辽东为上，河南次之。先用铁器搥打，然后洗净，煮软，捞起。剥尽衣膜及黄色皮脚。切段，净煮。筋有老嫩不一，嫩易烂，即先取出，老者再煮，煮熟，量加酒浆和头用。

【译】以辽东出产的鹿筋为上品，河南产的要差一些。

先用铁器捶打，然后洗干净，煮软了，捞出来，剥净筋上的衣膜和黄色的皮脚。切成段，净水烹煮。筋的老嫩不同，嫩的容易烂，就先取出来，老的再煮，煮熟了，酌量加上酒浆配菜食用。

【评】鹿筋都有壮筋骨、续劳损的作用。可泡酒（鹿筋壮骨酒），菜肴中也可做成“红烧鹿筋”“海参烧鹿筋”“凤爪鹿筋”等。（佟长有）

熊掌

水泡一日夜，下磁罐顿一日夜。取出，洗刮极净，同腊肉或猪蹄爪煮极烂。入浆、香料，和头随用。

【译】用水泡一天一夜，装进瓷罐炖一天一夜。取出来，洗刮到极干净。同腊肉或猪蹄爪一起煮到极烂。加入酒浆、香料。配菜随意加入。

兔

烧脯与“鹿肉”同法。但兔肉纯血，不可多洗，洗多则化。

【译】烧制兔脯，与“鹿肉”同一方法。但是兔肉多带血，不可多洗，洗多则血就化掉了。

野鸡

脯、汤俱同“烧鹿肉”法。

【译】做肉干或者煮汤，与“烧鹿肉”方法相同。

肉幢鸡

用碗头嫩鸡[①]，将碎肉加料填寔[②]，缝好。用酒浆、酱油烧透。海参、虾肉俱可用和头。

【译】用饭碗那么大小的嫩鸡（剖腹，取出内脏），把碎肉末加上调料填满，缝好。加上酒浆、酱油，烧透。海参、虾肉都可以做配菜。

【评】文中所述碗头嫩鸡如碗大小，实为以三个月为生长期的小笋鸡，肉质极嫩，鸡骨都可食用。北京有一道“辣子笋鸡”，它为一道传统菜肴，主料必用此鸡种。此菜从做法上应归为酿炖法。（佟长有）

椎鸡

嫩鸡剥皮，将肉切薄片，上下用真粉搽匀，将搥轻打，以薄为度。逐片摊开，同皮骨入清水煮熟。拣去筋骨。和头随用。

【译】嫩鸡剥去皮，把肉切成薄片，上面下面用淀粉涂匀，用锤子轻轻地敲打，以打薄了为准。逐片摊开，同皮、骨一起放入清水里煮熟。拣去筋骨，配菜随意选用。

【评】椎鸡：此菜是用生敲法，也就是先将原料捶或砸至薄，然后再用油、水汆熟，以达到成菜软嫩鲜香、口味清爽、晶莹剔透的效果。生敲法在加工时有一定难度，一般适用于较嫩的动物原料，如大虾、鱼、猪里脊、鸡脯等。南京“炖

①碗头嫩鸡：像碗一样大小的嫩鸡。

②寔（shí），同“实”。

生敲”在《随园食单》中有记载。炖生敲要用到的每条活鳝必须是四两重，敲出的菜才够形，要炸酥，炸出芝麻粒似的小白点，鱼骨熬汤再炖制，味道才香浓。（佟长有）

文中所述烹制方法，现在叫“捶”或“敲”，江南菜敲虾、炖生敲、玻璃鸡就从此法转化而来。（牛金生）

辣煮鸡

熟鸡拆细丝，同海参、海蜇煮。临起，以芥辣冲入。和头随用。麻油冷拌亦佳。

【译】熟鸡拆作细丝，同海参、海蜇一起煮。临出锅，用芥辣冲进去。配菜随意使用。用麻油冷拌着吃也很好。

顿鸡

腊月将肥嫩鸡切块，用椒盐少许拌匀，入磁瓶内。如遇佳客或燕赏[①]，取出，平放锡旋内，加猪板油及白糖、酒酿、酱油、葱花顿熟。味甘而美。

【译】腊月，把肥嫩的鸡切成块，用少量椒盐拌均匀，放入磁瓶里。来了贵宾或者设宴席招待，取出来，平放在锡旋里，加上猪板油和白糖、酒酿、酱油、葱花炖熟。味道香而美。

醋焙鸡

将鸡煮八分熟，剁小块，熬熟油略炒，以醋酒各半、盐

①燕赏：设宴款待。“燕”通“宴”。

少许烹下，将碗盖。候干，再烹，酥熟取用。

【译】将鸡煮到八分熟，剁作小块，熬熟油稍微炒一下，用醋、酒各一半，少量盐，烹制一下，用碗盖住。等干了，再烹制，酥熟之后取出食用。

【评】醋焙：先人妙法今仍使用——醋烧肉、大炒肉都是以醋当水，既能除腥骚又可以做传热媒介，还能添香味，正所谓两全其美。（牛金生）

海蛳鸭

大葱二根，先放入鸭肚内。以熟大海蛳[1]填极满，缝好。多用酒浆，烧极熟。整装碗内。如无海蛳，纯葱亦可（想螺蛳亦佳）。

【译】大葱二根，先放进鸭肚子里，再用熟的大海蛳把鸭肚填到极满，缝好。多用酒浆，烧到非常熟，整个装到碗里。如果没有海蛳，单纯只用葱也可以（估计用螺蛳也很好）。

鹌鹑

以肉幢、酱油、酒浆生烧为第一。次用酱浆顿，必须猪油、白糖、花椒、葱等。

秋鸟、黄雀、麻雀诸鸟皆同此法。

【译】把鹌鹑肉、酱油、酒浆生烧为最好的做法，其次用酒浆炖。必须加入猪油、白糖、花椒、葱等。

秋鸟、黄雀、麻雀等各种鸟都用此法。

①海蛳：海螺之肉。

【评】鹌鹑：体形较小，肉细嫩、高蛋白、低胆固醇，氨基酸丰富，有动物人参之称。菜肴可做成“红烧鹌鹑”“五香烤鹌鹑”“爆炒鹑脯”，还可做汤类、啤酒炖、生炸等菜品。（佟长有）

肉幢蛋

拣小鸡子，煮半熟，打一眼，将黄倒出。以碎肉加料补之。蒸极老。和头随有。

【译】选小鸡蛋，煮作半熟，打一个眼，把蛋黄倒出来，用碎肉加上调料补充到鸡蛋里去。蒸到非常老。配菜随意。

【评】这种粗菜细做之法成就了“花菇干贝无黄蛋”的传说。（牛金生）

捲煎

将蛋摊皮，以碎肉加料捲好，仍用蛋糊口。猪油、白糖、甜酱和烧。切片用。

【译】蛋摊煎成皮，把碎肉加调料卷好，还用蛋汁糊住口。用猪油、白糖、甜酱合起来烧制。切片食用。

【评】捲煎，又称卷煎或卷尖，是用鸡蛋皮、豆皮铺开，上面放入味的猪肉馅卷成圆筒形，与原著不同的当代做法是用蒸或蒸后薰的方法制成的一种凉菜，此菜有将近300多年的历史。福建、河南、山西、北京、山东、东北均有此菜。（佟长有）

捲煎之法转换成了热菜——“如意虾卷”或冷菜拼摆中常用到的各种卷儿。（牛金生）

皮蛋

鸭蛋一百个，用浓滚茶少少泡顷，再用柴灰一斗、石灰四两、盐二两和水拌匀，涂蛋上。暴日晒干。再将砻糖拌，贮大罈内。过一月即可取供。久愈妙。

【译】鸭蛋一百个，用浓烫茶水稍稍泡一会儿，再用柴灰一斗、石灰四两、盐二两和水拌匀，涂在蛋皮上。暴日晒干，再用砻糠涂拌，贮放在大坛之内。过一个月即可取食。长久更好。

腌蛋

清明前，用真烧酒洗蛋，以飞盐为衣，上罈。过四五日，即翻转。如此四五次。月余即可用。省灰而且易洗也。

【译】清明之前，用纯烧酒洗蛋，用飞盐涂在蛋壳上作为外衣，装进坛子里。过四五天，即翻转一次。这样翻转四五次。一个多月就可以食用。此法省灰而容易洗净。

糟鲥鱼

内外洗净，切大块。每鱼一斤，用盐半斤，以大石压极实。以白酒洗淡，以老酒糟略糟四五日，不可见水。去旧糟，用上好酒糟拌匀入罈。每罈面加麻油二盅、火酒一盅。泥封固。候二、三月用。

【译】把鲥鱼内外洗净，切成大块。每一斤鱼，用盐半斤，用大石头压到极实。然后用白酒把盐味洗淡些，用老酒糟稍微糟四五天，不要见水。去掉旧糟，用上好的酒糟拌匀装入坛子里。每个坛子上面加入麻油二盅、火酒一盅。用泥封牢固。等二三个月可食用。

【评】糟鲥鱼：有一款“红糟鲥鱼”为《金瓶梅》中出现过的菜。糟的菜品（尤其红糟）以南方为最（如福建、宁波、上海）。北方均以清蒸为烹饪手法来制作鲥鱼。

鲥鱼是溯河产卵的洄游性鱼类，故而称为鲥鱼。独有吃鲥鱼时不去鳞，鱼鳞含有多种营养成分。（佟长有）

淡煎鲥鱼

切段，用些须[①]盐花、猪油煎。将熟，入酒浆，煮干为度。不必去鳞。糟油蘸佳。

【译】切成段，用一点盐花、猪油煎。快熟时，加入酒浆，以煮干为限度。不用去鳞。糟油蘸着吃很好。

冷鲟鱼

切骰子块，煮熟。冬笋切块，入酒浆，略加白糖。候冷用。暑天切片，麻油拌亦佳，必须蜇皮更妙。

【译】切成肉丁块状大小，煮熟了。冬笋切块，加入酒浆，稍加些白糖烧煮，等冷却后食用。暑天切成片，用麻油拌食也很好，必须用海蜇皮拌鲟鱼片，味道更好。

①些须：即些许，一点儿。须为“许”之误。

黄鱼

治净，切小段。用甜白酒煮，略加酱油、胡椒、葱花。最鲜美。

【译】将黄鱼收拾干净，切成小段。用甜白酒煮，稍加些酱油、胡椒、葱花。最鲜美。

【评】黄鱼有大黄鱼、小黄鱼之分，都为海鱼，大黄鱼一般体长40厘米以上，小黄鱼在30厘米以下。大黄鱼一般可做成“糖醋大黄鱼”“松鼠黄鱼”“干烧黄鱼”。小黄鱼可做成“家炖小黄鱼”“酸辣黄鱼羹”。（佟长有）

风鲫

冬月觅大鲫鱼，去肠，勿见水，拭干。入碎肉。通身用绵纸裹好，挂有风无日处。过二三月取下，洗净，涂酒，令略软。蒸熟。候冷切片用。味最佳。

【译】冬季寻找较大的鲫鱼，去掉肠子，不要见水，擦干。在鱼腹中填入碎肉，全身用绵纸裹好，挂在有风没有太阳的地方。过二三个月取下来，洗净，涂上酒，使鱼稍微回软。蒸熟了。等冷却切片食用，味道最好。

去骨鲫

大鲜鲫鱼，清水煮熟。轻轻拆作五、六块，拣去大小骨。仍用原汤，澄清，加笋片、韭芽或菜心，略入酒浆、盐煮用。

【译】较大的新鲜鲫鱼，用清水煮熟。轻轻拆成五六块，拣去大小骨刺。还用原汤煮，汤水澄清后，加入笋片、韭菜芽或菜心，稍加一些酒浆，加盐煮后食用。

斑鱼[1]

拣不束腰者（束腰有毒），剥去皮杂，洗净。先将肺同木花[2]入清水浸半日，与鱼同煮。后以菜油盛碗内，放锅中，任其沸涌，方不腥气。临起，或入嫩腐、笋边、时菜，再捣鲜姜汁、酒浆和入，尤佳。

【译】挑选鱼腰部不细瘦的斑鱼（细瘦的有毒），剥去皮和杂物，洗净。先将肺同木花在清水里浸泡半天，与鱼一起煮。然后同菜油一起盛在碗里，再放入锅里任其沸腾，这样才不腥气。临起锅时，可以加进嫩豆腐、笋边、时令菜，再捣鲜姜汁、酒浆和起来加入，尤其美味。

顿鲟鱼

取鲟鱼二斤许大一方块（不必切开），入酒酿、酱油、香料、椒、盐，燉极烂，味最佳。

【译】取二斤左右大的鲟鱼一块（不必切开），加入酒酿、酱油、香料、花椒、盐，炖到极烂。味道最好。

鱼肉膏

上好腌肉，煮烂，切小块，将鱼亦碎切，同煮极烂。和头随用。候冷切供，热用亦可。

【译】上好的腌肉，煮烂，切成小块，把鱼也切成碎块，

---

①斑鱼：即斑子鱼。为一种无毒的小河豚。

②木花：或指槐花，待考。

一起煮烂。配菜随意。待冷却切开供食用。热着食用也可以。

炖鲂鲏[1]

拣大者，治极净，填碎肉在内，酒浆燉，加碎猪油。妙。

【译】拣大个的，整治极洁净。填碎肉进肚内，用酒浆来炖。加入猪油，美味。

薰鱼

鲜鱼切段，酱油浸大半日。油煎，候冷上铁筛，架锅。贮用。将好醋涂薰尤妙（大小鱼俱可）。

【译】鲜鱼切成段，用酱油浸泡大半天。用油煎。冷却后放到铁筛子上，把铁筛子架在锅上，下面用木屑薰干，贮存备用。用好醋涂上再薰尤其好（大小鱼都可以制作）。

薰马鲛[2]

酱半日，洗净。切片，油煎。候冷，薰干。入灰坛内，可留经月。

【译】酱上半天，洗净，切成片，用油煎。冷却后，薰干。放入灰坛子里，可以保存一个月。

鱼松

青鱼切段，酱油浸大半日，取起。油煎。候冷，剥去皮骨，单取白肉，拆碎入锅，慢火焙炒，不时挑拨，切勿停手，

①鲂（fáng）鲏（pí）：即“鳑（páng）鲏”，形似鲫鱼。
②马鲛（jiāo）：也叫“鲅”。一种海鱼。分布于热带和温带海洋中。我国沿海出产。

以成极碎丝为度。总要松、细、白三件俱为妙。候冷，再细拣去芒刺丝、细骨。加入姜、椒末少许，收贮。随用。

【译】青鱼切成段，用酱油浸泡大半天，取出，用油煎。冷却后，剥去皮骨，只取白肉，拆碎后装入锅里，慢火烤炒，不时地挑动，不要停手，以成为极碎的丝为准。总要做到松、细、白三个条件俱全为好。冷却后，再细心地拣去芒刺、细骨头。加入姜、花椒末少量，存放起来，随时可食用。

蒸鲞①

淡鲞十斤，去头尾，切段，洗净。晒极干，将烧酒拌过。白糯米五升，烧饭，火酒二斤，猪油二斤，去膜切碎，花椒四两、加红曲少许，拌如薄粥样。如干，再加煮酒。用磁瓶先放饭一层，次放鱼一层，后再放前各料一层，装入。瓶底面各用飞盐一撮。泥封好。俟一月后可用。

【译】淡鲞十斤，去掉头尾，切成段，洗干净，晒到极干，用烧酒拌过。白糯米五斤，烧成饭。火酒二斤，猪油二斤，去膜切碎，花椒四两，加少量红曲，拌成薄粥的样子，如果干，再加些烧酒。用磁瓶先放饭一层，再放鱼一层，然后再放各种调料一层。瓶底和瓶面各撒食盐一撮。用泥封口。等一个月后可以食用。

①蒸鲞：从释文看，应该叫“鲞鲞”。因为鲞块是用饭和多种调料密封腌制而成的，并没有“蒸”的过程。

燕窝蟹

壮蟹，肉剥净，拌燕窝，和芥辣用佳。糟油亦可。

蟹腐放燕窝尤妙。蟹肉豆豉炒亦妙。

【译】肥壮的蟹，把肉完全剥出来，与燕窝相拌，和上芥辣食用甚好，糟油也可以。

蟹腐放入燕窝尤为好。蟹肉豆豉炒制也很好。

蟹酱

带壳剁骰子块，略拌盐，顿滚，加酒浆、茴香末冲入。候冷，入麻油，略加椒末，半日即可用。酒、油须恰好为妙。

【译】带着外壳剁成肉丁块状大小，稍搅拌加入盐，炖到滚热，加上酒浆、茴香末冲进去。冷却后，加入麻油，稍加一点花椒末。半天后可以食用。酒和油的用量和次序要恰当为好。

蟹丸

将竹截断，长寸许。剥蟹肉，和以姜末、蛋青，入竹，蒸熟。取出，同汤放下。

【译】把竹子截断，长一寸左右。剥蟹肉，和上姜末、蛋清，放入竹筒里，蒸熟。取出来，把蟹丸连汤倒出竹筒。

蟹顿蛋

凡蟹顿蛋，肉，必沉下。须先将零星肉和蛋燉半碗，再将大蟹肉、黄脂另和蛋盖面重顿为得法也。

【译】用蟹炖蛋，蟹肉，必然沉到下面。必须先把零星蟹肉和蛋炖半碗，再把大块蟹肉、蟹黄、蟹油另外和盖在已炖过的上面再炖，才是得当的做法。

黄甲①

蒸熟，以姜、醋拌用。

【译】蒸熟了，用姜、醋拌好食用。

【评】黄甲应为黄骨鱼，又名黄腊丁、嘎牙子、黄辣丁、黄刺骨。有食疗作用，可养胃、暖胃、利尿、消肿、促进血液循环等等。可做成“炖黄甲鱼”“黄甲鱼炖豆腐”。（佟长有）

又法②（黄甲）

以鲳、鳜鱼③、黄鱼肉拆碎，以腌蛋黄和入姜、醋拌匀用。味比真黄甲更妙。

【译】用鲳鱼、鳜鱼、黄鱼肉拆碎了，以腌蛋黄和入姜、醋拌匀，食用。味道比真螃蟹更美味。

【评】这里提到的“又法”（另一种做法），就是今天北京菜当中的赛螃蟹和南方菜的赛蟹羹的烹制方法。（牛金生）

---

①黄甲：即螃蟹。

②本条所记为“假蟹粉”的制作方法。

③鳜（guì）鱼：又名石桂鱼、鲑鱼、鳌花鱼、花鲫鱼等。口大、鳞细，背黄绿色，全身有黑斑点。淡水鱼，我国特产。

虾元①

暑天冷拌，必须切极碎地栗在内，松而且脆。若干装，以松仁、桃仁作馅，外用鱼松为衣更佳。

【译】夏天冷拌虾丸子，必须把切得极碎的荸荠加在丸子里，这样松而且脆。如果把虾丸干装在盘中，则用松仁、核桃仁作馅，外边用鱼松作衣更好。

【评】现今是把虾肉剁细，加鸡蛋清、盐、料酒以及拍碎的马蹄，可制做虾滑、水晶虾球、炸虾球、煎虾饼等菜肴。（佟长有）

鳆鱼

清水洗，浸一日夜，以极嫩为度。切薄片，入冬笋、韭芽、酒浆、猪油炒。或笋干、腌苔心②、苣笋、麻油拌用亦佳。

【译】把鲍鱼用清水洗干净，浸泡一天一夜，以非常鲜嫩为准。切成薄片，加入冬笋、韭菜芽、酒浆，用猪油炒。用笋干、腌苔菜心、莴苣笋、麻油拌着食用也很好。

【评】鳆鱼也称鲍鱼，是名贵的海产品之一。被认为是海洋"软黄金"。鲍鱼做法很多，如"清蒸鲍鱼""炒鲍贝"。本条内容与当今爆炒鲍片相似。（佟长有）

海参

浸软，煮熟，切片。入腌菜、笋片、猪油炒用佳。

---

①虾元：即虾丸子。

②苔心：苔菜心。

或煮极烂，隔绢糟。切用。

或煮烂，芥辣拌用亦妙。

切片入脚鱼内更妙。

【译】浸泡软了，煮熟，切成片。加入腌菜、笋片，用猪油炒后食用，味道很好。

或者煮到极烂，用绢包起来，放入糟中糟制，然后切片食用。

或者煮烂以后，用芥辣拌着食用也很好。

切片加到甲鱼里更好。

【评】全世界有1100多种海参，我国也有120多种，但绝大多数不能食用。世界范围内可食用海参只有40种，我国只有20种。

海参在我国一般有刺参、赤瓜参、方刺参、石参、克参、刺瓜参、绦刺参、茄参、白石参、赤白瓜参等。（佟长有）

鱼翅

治净，煮。切不可单拆丝，须带肉为妙，亦不可太小。和头鸡鸭随用。汤宜清不宜浓，宜酒浆不宜酱油。

【译】收拾干净，上锅煮。切不可单拆丝，必须带着肉为好，也不能太小。配菜鸡鸭随意。鱼翅汤宜于清而不宜浓，宜用于酒浆而不宜用于酱油。

又（鱼翅）

如法治净，拆丝。同肉、鸡丝、酒酿、酱油拌用。佳。

【译】如常法整治干净，拆成丝。同肉、鸡丝、酒酿、酱油拌着食用，很好。

淡菜

冷水浸一日，去毛、沙丁，洗净。加肉丝、冬笋、酒浆煮用。同虾肉、韭芽、猪油小炒亦可。

酒酿糟糟用亦妙。

【译】用冷水浸泡一天，去掉毛、沙子粒，洗干净。加入肉丝、冬笋、酒浆煮熟食用。用虾肉、韭菜芽、猪油小炒也可以。

用酒酿糟糟好食用也很好。

【评】淡菜是贻贝晒干的贝肉，也叫青口。在北方也叫海虹，它是大众化食品，干品淡菜水发后可与萝卜、豆腐、蘑菇做成“淡菜萝卜豆腐汤”。（佟长有）

蛤蜊

劈开，带半壳，入酒浆、盐花，略加酱油醉三四日。小碟用。佳。

【译】把蛤蜊劈开，带着半扇壳，加入酒浆、盐花，稍加些酱油，醉上三四天。用小碟盛来吃，很好。

素肉丸

面筋、香蕈、酱瓜、姜切末，和以砂仁，卷入腐皮，切小段。

白面调和，逐块涂搽，入滚油内，令黄色取用。

【译】面筋、香蕈、酱瓜、姜切成细末，和上砂仁，用豆腐皮卷起来，切成小段。白面用水调和好，逐块涂抹，下到油锅炸至颜色黄时捞出食用。

【评】这里讲的其实就是现在烹制的各种“石榴包”，只是称谓更形象。（牛金生）

顿豆豉

上好豆豉一大盏，和以冬笋（切骰子大块）并好腐干（亦切骰子大块），入酒浆，隔汤顿，或煮。

【译】上好的豆豉一大杯，和入冬笋（切骰子大的块），还有上好豆腐干（也切作肉丁大块），加入酒浆，隔水炖或是煮到熟。

素鳖

以面筋拆碎，代鳖肉，以珠栗[1]煮熟，代鳖蛋，以墨水[2]调真粉，代鳖裙，以元荽代葱、蒜，烧炒用。

【译】面筋拆碎，代替鳖肉，圆栗子煮熟了，代替鳖蛋，用松墨墨水调淀粉，代替鳖的边裙，用芫荽代替葱、蒜，烧炒食用。

---

①珠栗：一种圆形栗子。

②墨水：黑墨研出的汁。黑墨是用松烟、胶、香料等制成的，无毒。黑墨可作药用，陈久者为佳。有止血、消肿等功效。

熏面筋

好面筋，切长条，熬熟。菜油沸过，入酒酿、酱油、茴香煮透。捞起，熏干，装瓶内。仍将原汁浸用。

【译】好面筋，切成长条，熬熟了。在菜油中炸过，加入酒酿、酱油、茴香，煮透。捞出来，熏干，装到瓶里。仍用原来煮的汁液浸泡后食用。

生面筋

买麸皮自做。中间填入裹馅、糖、酱、砂仁，炒煎用。

【译】买来麸子皮自己制作面筋。中间填入裹馅、糖、酱、砂仁，炒或煎食用。

八宝酱

熬熟油，同甜酱入砂糖炒透。和冬笋及各色果仁，略加砂仁、酱瓜、姜末和匀，取起用。

【译】熬制熟油，与甜酱加上砂糖炒透。和上冬笋与各类果仁，稍加些砂仁、酱瓜、姜末，调和均匀，即可取出食用。

乳腐

腊月做老豆腐一斗，切小方块，盐腌数日，取起，晒干。用腊油洗去盐并尘土。用花椒四两，以生酒、腊酒酿相拌匀。箬泥封固。三月后可用。

【译】腊月，做一斗老豆腐，切成小方块，用盐腌上数日，取出晒干。用腊油洗去盐和尘土。用花椒四两，再用生酒、腊酒酿，一起拌匀，整齐地码放到坛子里。箬叶包扎坛口，用泥将坛口封结实。三个月后可食用。

十香瓜

生菜瓜十斤，切骰子块，拌盐，晒干。水、白糖二斤、好醋二斤，煎滚。候冷，将瓜并姜丝三两、刀豆小片[①]二两、花椒一两、干紫苏一两、去膜陈皮一两同浸，上瓶。十日可用，经久不坏。

【译】生菜瓜十斤，切成肉丁块状大小块，用盐拌，晒干。水、白糖二斤、好醋二斤，煎滚开，待冷却后，把菜瓜和姜丝三两、刀豆切成的小片二两，花椒一两、干紫苏一两、去膜陈皮一两，一起浸泡，把浸泡过的瓜菜等物装入瓶里。十天可供食用，日久不坏。

醉杨梅

拣大紫杨梅，同薄荷相间，贮瓶内。上放白糖。每杨梅一斤，用糖六两、薄荷叶二两，上浇真火酒[②]，浮起为度。封固。一月后可用。愈陈愈妙。

【译】拣大个紫色的杨梅，与薄荷互相隔开，存放在瓶中。上面放上白糖。每一斤杨梅，用糖六两、薄荷叶二两。上面浇入纯烧酒。以杨梅能浮起来为限度。严密封口。一个月后可以食用。放的越陈越好。

---

①刀豆小片：刀豆切成的薄小片。

②真火酒：真烧酒。

烹坛新语林

“民以食为天”“治大国若烹小鲜”。我们厨师通过学习中华烹饪古籍知识，可以穿越时空，感受到饮食文化的博大精深和传承厨艺的创新发展之路。

中国烹饪“以味为核心，以养为目的”。作为当代厨师需要博古通今，了解更多的饮食文化知识，掌握更全面的烹调技法，“传承特色不忘其本，发展创新不乱其味”，与时俱进，从“厨”到“师”让更多的人群吃出特色、吃出美味、吃出健康来。

朱永松——世纪儒厨，北京儒苑世纪餐饮管理中心总经理

随着对烹饪事业的不断追求，对于源远流长的中华饮食文化之博大精深领悟得越透彻，对古人高超的烹饪技艺及蕴含其中的生活智慧就更加充满敬意。

伴随着人民对美好生活的新期待，礼敬传统，挖掘历史古籍，汲取营养，把握烹饪发展脉络，找寻新时代前进的方向，对进一步找回文化自信，对促进当今的餐饮发展，促进人类饮食文明的进一步提高有着积极作用。

杨英勋——全国人大会议中心总厨

“坚持文化自信，弘扬工匠精神”，作为“烹饪王国”中的一名餐饮文化传播者，一直细品着“四大国粹”之一的“烹饪文化”的味道。

民族复兴，助力中国烹饪的发展；深挖古烹之法，“中和”时代新元素，为丰富百姓餐桌增添活力。“自然养生，回归味道”正是餐饮界数千万人所追求的终极目标。挖掘中华烹饪古籍是“中国梦”“餐饮梦”中最好的馈赠。

杨朝辉——北京和木 The Home 运营品控总经理

古为今用，扬长避短，做新时代的营养厨师，是我从厨的信念。

“国以民为天，民以食为天”，饮食文化博大精深，学无止境。我们不仅要传承，还要创新。海纳百川，不断地充实自己的烹饪实力。与时俱进，博取各地菜式之长，用现代化的管理意识，为弘扬中国的烹饪事业做出贡献。

梁永军——海军第四招待所总厨

中国饮食文化随着国力的日益强大，在世界上的影响越来越大，各菜系都在传承、创新和发展。

在互联网高速发展的时代，需要更大的创新和改革。无论如何创新，味道永远是菜品的魂，魂从哪里来？就需要我们专业厨师了解传统烹饪技艺、了解食材特性和有炉火纯青的烹饪技法。中华烹饪古籍的出版是餐饮界功在当下、利在千秋的，是幸事、喜事，让更多的厨师得以学习、借鉴、传承和发扬。传承不是守旧，创新不能没根，传承要有方向性、差异性、稳定性、时代性。

王中伟——中粮集团忠良书院研发总监

古为今用，我根据传统工艺和深圳纯天然的鲜花食材（木棉花、玫瑰花、茉莉花、百合花、菊花、桂花等）潜心研究素食，且着重于鲜花素饼与饼皮的研究，推出了五种不同口味的鲜花素饼，即“深圳味道”，得到食客的高度的评价。

张　国——深圳健康餐饮文化人才培训基地主任

我是地地道道的广东人，深受广东传统文化影响。“敢为人先，务实创新，开放兼容，敬业奉献”，这是公认的广东精神，也是我从艺从教的行动方针。

潜心烧制粤菜，用心推广融合菜。我以粤菜为中式菜的基础，不断求新求变，“中菜西做”“西为中用”。两年时间内研制出具有广东菜特色的 30 多种融合菜的代表作，引领了珠海、中山两地餐饮业的消费新热潮。同时，作为一名烹饪专业兼职教师，我将生平阅历和所学倾心相授给我的学生，期待培养出更多既有粤菜扎实功底又具有国际视野的烹饪专业优秀人才。研读烹饪古籍也给了我不断探索的动力和灵感。

李开明——中山朝富轩运营总监

我秉持着“做出让客人完全称心满意的餐饮”的心态，从食材选购、清洗、烹饪再到调味等每一环节和细节，都在我心中反复地思考和推敲。从了解客人的喜好，到吃透食材的本身，二者合一，这是制作出优秀菜品关键中的关键。

这几年，我也试着把健康、养生的想法更多地融入菜品之中，把养生餐饮推广出去，让更多的顾客感受餐饮的魅力。

“做菜就是文化的传承，摆盘无论是有多好看，如果没有文化作为底蕴支撑，再好看的菜品也没有了灵魂。”

吴申明——三亚半岭温泉海韵别墅度假酒店中餐厨师长

中国烹饪事业是在源源流长的不同社会变革中发展起来的。自远古时代的茹毛饮血、燧木取火到烹制熟食、解决温饱、吃好，再到吃出营养和健康，都是一代又一代餐饮人的艰辛付出，才换来了今天百姓餐桌百花齐放的饕餮盛宴。

自改革开放以来，随着物质生活的逐渐丰富，人民生活水平的不断提高，健康问题就是新形势下餐饮工作者思考的问题。要从田间到餐桌、从生产加工到制作销售，层层监管，再加上行业监管，才能真正地把安全、放心、营养、健康的食品送到百姓餐桌上。那么，新时代形势下的职业厨师，更应该挖掘古人给我们留下的宝贵财富，发奋图强，励精图治，把我们的烹饪事业弘扬和传承下去。

丁海涛——北京川海餐饮管理有限公司总经理

中国文化历史悠久，中华美食源远流长。从古至今，民以食为天，人们对美食的追求与向往从来就没有停止过。随着饮食文化的不断发展，人们对美食的追求也不断提升。

近年来，结合国外先进理念，中国饮食演变出了很多新的概念菜式，如“分子美食技术、中西融合的创意中国菜、结合传统官府菜”的意境美食菜式被不断创新。对于新时代的中国厨师而言，在思想上，应不忘初心、匠心传承；在技艺上，应借鉴当今世界饮食文化的先进理念，汲取中国传统饮食各菜系之精髓，不断地寻找新的前进方向，才能让中国饮食文化屹立于世界之巅。

王少刚——北京四季华远酒店管理有限公司总经理

随着时代的发展，餐饮消费结构年轻化，80 后、90 后成为餐饮消费市场的中坚力量。这意味着餐饮行业将会出现一大批,为迎合这一庞大消费群体的个性化、私人化的餐饮服务，更多的传统饮食以“重塑”的方式涌现，打上现代化、年轻化、时尚化的标签。

但无论如何变迁，餐饮人都不要被误导，还是应该回归初心，把菜做好。把产品做到极致，自然会有好的口碑。

宋玉龙——商丘宋厨餐饮

随着经济全球化趋势的深入发展，文化经济作为一种新兴的经济形态，在世界经济格局中正发挥着越来越重要的作用。特别是中国饮食文化在世界上享有盛誉。不管是传统的“八大菜系”，还是一些特色的地方菜，都是中国烹饪文化的传承。长期以来，由于人口、地理环境、气候物产、文化传统，以及民族习俗等因素的影响,形成了东亚大陆特色餐饮类别。随着中西文化交流的深入，科学技术不断发展，餐饮文化也在不断地创新发展，在传统的基础上，增加了很多新的元素。实现了传统与时尚的融合，推动了中国饮食文化走出国门、走向世界。

李吉岩——遵义大酒店行政总厨

中国饮食文化历史源远流长、博大精深，历经了几千年的发展，已经成为中国传统文化的一个重要组成部分。中国人从饮食结构、食物制作、食物器具、营养保健和饮食审美意识等方面，逐渐形成了自己独特的饮食民俗。世界各地将中国的餐饮称为“中餐”。中餐是一种能够影响世界的文化，中餐是一种能够惠及人类的文化，中餐是一种应该让世界分享的文化。

李群刚——食神传人，初色小馆创始人

中国饮食文化博大精深、源远流长。烹饪是一门技术，也是一种文化，既包含了饮食活动过程中饮食品质、审美体验、情感活动等独特的文化底蕴，也反映了饮食文化与优秀传统文化的密切联系。

随着时代的发展，人们越来越崇尚饮食养生理念。通过挖掘烹饪古籍，学习前辈们的传统技艺，再结合现代养生理念，不断地创新，将中华饮食文化发扬光大，是我们这一辈餐饮人不忘初心、牢记匠心的责任和使命。

唐 松——中国海军海祺食府餐饮总监

随着饮食文化的发展和进步，创新是人类所特有的认识和实践能力，中华餐饮也因此在五千年的发展中越发博大而璀璨。烹饪不仅技术精湛，而且讲究菜肴的美感。传统烹调工艺的研究是随着社会的发展和物产的日益丰富而不断进步的。弘扬中国古老的饮食文明，更要发展以面向现代化、面向世界、面向未来为理念的烹饪文化，才能紧跟社会发展的步伐，跟得上新时代前进的方向，才能促进当今饮食文化的发展。创新不忘本、传承不守旧，不论是传统烹调工艺的传承，还是创新菜的细心研究。无数的美食，随着地域、时间、空间的变化，也不断地变化和改进。用舌尖品尝中国饮食文化，食物是一种文化，更是一种不可磨灭的记忆。

张陆占——北京宛平九号四合院私人会所行政总厨

“舌尖上的中国”让世界看到了中餐的博大精深，其中最有影响力的莫过于源远流长的地方菜系。这些菜系因气候、地理、风俗的不同，历经时间的沉淀依旧具有鲜明的地方特色。

随着时代的变迁、饮食文化的发展，现代人对于美食有了更高的要求，促使中餐厨师不断地创新和完美地传承。无论是经典菜系的传承，还是创意菜的悉心研究，对于中餐厨师而言，凭借的都是对美食的热爱与执着。也正因此，才令中餐的美食文化传承至今，传承不守旧，创新不忘本。

常瑞东——郑州市同胜祥餐饮服务管理有限公司出品总监

美食是认识世界的绝佳方式，要认识和了解一个国家、一个地区，往往都是从一道好菜开始。以吃为乐，其实不仅仅是在品尝菜肴的味道，也是在品尝一种文化。中华美食历史悠久，是中华文明的标志之一。中餐菜肴以色艳、香浓、味鲜、形美而著称。

中国烹饪源远流长，烹饪文化、烹饪技艺代代相传。我们应该让传统的技艺传承下去，取其精华去其糟粕，不断创新和融合，不断推陈出新。

张　文——大同魏都国际酒店餐饮总监

中国烹饪历史悠久、博大精深，只有善于继承和总结，才能善于创新。仅针对保持菜肴的温度的必要性，说说我的看法。

人对味觉的辨别是有记忆的，第一口与最后一口的味道是有区别的。第一口的震撼是能让人记住并唇齿留香，回味无穷的。把90℃的菜品放在一个20℃的器皿里，食物很快就会凉掉，导致口感发柴、发涩，失去其应有的味道。因此，需要给器皿加温，这样才能延长食物从出锅、上桌到入口的“寿命”。

陈　庆——北京孔乙己尚宴店出品总监

挖掘烹饪古籍是“中国梦”“餐饮梦”中最好的馈赠。从美食的根源、秘籍、灵感、创新四个角度出发，深入挖掘厨艺背后的故事，分享超越餐桌的味觉之旅，解密厨师的双味灵感世界。这种尊重与分享的精神兼具传承和创新的灵感，与独具慧眼的生活品味不谋而合。

孙华盛——北京识厨懂味餐饮管理有限公司董事长

中国的饮食文化，有季节、地域之分。由于我国地大物博，各地气候、物产和风俗都存在着差异，形成了以川、鲁、苏、粤为主的地方风味。因季节的变化，采用不同的调味和食材的搭配，形成了冬天味醇浓厚、夏天清淡凉爽的特点。中国烹饪不仅技术精湛，食物的色、香、味、型、器具有一致协调性，而且对菜的命名、品味、进餐都有一定的要求。我认为，中国饮食文化就其深层内涵可以概括成四个字“精、美、情、礼”。

宋卫东——霸州三合旺鱼头泡饼店厨师长

中国烹饪是膳食的艺术，是一种复杂而有规律的、将失败转化为食物的过程。中国烹饪是将食材通过加工处理，使之好吃、好看、好闻的处理方法。最早人们不懂得人工取火，饮食状况一片空白。后来钻木取火，从此有了熟食。随着烹调原料的增加、特色食材的丰富、器皿的革新，饮食文化和菜品质量飞速提高！

王东磊——北京金领怡家餐饮管理有限公司副总经理

我是一名土生土长的北京人，当初怀着对美食的热爱和尊敬开始了中式烹调的学习。在从事厨师近30年，熟悉和掌握了多种风味菜式，我始终认为中餐的发展应当在遵循传统的基础上不断创新，每一道经典菜肴要有好的温度、舒适的口感和漂亮的盛装器皿。

因为我是北方人，所以做菜比较偏于北方，但为了满足南方客人及外国客人的味蕾，我每天都在研究如何南北结合、东西融合。

我一直坚持认为一道菜的做法，无论是食材还是调料的先后顺序、发生与改变，都会影响到菜品的最终味道。我希望做到的是把南北融合，而不是改变。让客人在我这里享用到他们想吃的，而不是让他们吃到我想让他们吃的。

融合创新的同时，不忘对于味道本身的尊重，我始终信奉味道是中餐的灵魂。我信奉的烹饪格言是“唯有传承没有正宗，物无定味烹无定法，味道为魂适口者珍”。

麻剑平——北辰洲际酒店粤秀轩厨师长

中国烹饪源远流长，自古至今，经历了生食、熟食、自然烹食、科学烹食等发展阶段，推出了千万种传统菜肴和千种工业食品，孕育了五光十色的宫廷御宴与流光溢彩的风味儿家宴。

中国烹饪随着时代的变迁以及技法、地域、经济、民族、宗教信仰、民俗的不同，展示出了不同的文化韵味，形成了不同流派的菜系，各流派相互争艳，百家争鸣。精工细作深受国内外友人喜爱，赋予我国“美食大国”的美称且誉满全球。

高金明——北京城南往事酒楼总厨

从《黄帝内经》《神龙百草经》《淮南子本味篇》等古籍到清代的《随园食单》，每次翻习都能有不同的感悟。《黄帝内经》是上古的养生哲理，《淮南子本味篇》是厨师的祖师爷给我们留下来的烹饪宝典，而敦煌出土的《辅行决》更是教你重新认识季节和性味的关系。在现代社会，知识的更迭离不开我们古代先哲的指引，学习的深入要追本溯源，学古知今。

王云璋——中国药膳大师

中华美食汇集了大江南北各民族的烹饪技术，融合了各民族的文化传承。随着人们的生活水平不断的提高，现在人们的吃都是讲究“档次”和“品味”规格，当然也表现在追求精神生活上。民以食为天，南北地域的菜品差异，从而产生对美食的新奇审美感，这种对不同区域各类美食风格的新体验，就是传说中“舌尖上的中国”。

郭效勇——北京宛平盛世酒楼出品总监

从古时候的“民以食为天”，到今天的“食以安为先”，人们的饮食观念发生了翻天覆地的变化。作为餐饮从业者一定要把握好饮食变化的规律，才能更好地服务于餐饮事业的发展和人民生活的需要。

当物质生活丰富到一定程度，人们对饮食的追求将更趋于自然、原生态、尽量避免人工合成或科技合成等因素的掺杂。

“穷穿貂，富穿棉，大款穿休闲”，是现实社会消费现象的写照。新中国成立前，山珍海味是将相王侯、达官显贵的桌上餐，普通老百姓只有听听的份，更没有饕餮一餐的口福。改革开放以来，“旧时王谢堂前燕，飞入寻常百姓家”，物质资源的极大丰富，老百姓原来只能听听而已的珍馐佳肴，逐渐成为每个家庭触手可及的饮食目标。人们对餐饮原料、调味的“猎奇心态”越来越严重，促使生产商在利益的驱使和高科技的支持下生产出各种“新原料、新调料”。

私人订制、农家小院、共享农场等新的生活方式逐渐成为社会餐饮消费的主流，人们开始追求有机的、原生态的餐饮原料，也开始把饮食安全作为一日三餐的重要指标。因此，我们餐饮人员一定要紧随趋势，为广大百姓提供、制作健康安全的食品。

范红强——原首都机场空港配餐研发部主管

纵观华夏各民族的传统菜肴和现代烹饪技术，我们餐饮技术人员应对遗落于民间的菜肴和风俗文化进行深入的挖掘和继承，并研发出适合现代市场的菜肴，改良和完善健康美食体系。在打造"工匠精神"的同时，培养和提升行业年轻厨师们的道德品质和烹饪技术能力，大力发扬师傅带徒弟的良好风气，弘扬中国烹饪文化精神。让更多的人在学习和传承中，树立正确的价值观，发挥出更加精湛的技艺，充分体现中国厨师在全社会健康美食中的标杆和引领作用，打造全社会健康美食的精神灵魂。

尹亲林——现代徽菜文化研究院院长